KB041476

내 아이에게
가장 주고 싶은
5가지 능력

내 아이에게 가장 주고 싶은 5가지 능력

초판 1쇄 발행 2018년 8월 31일
지은이 신성일
펴낸이 한승수
펴낸곳 문예춘추사

편집 정내현
디자인 유경희
마케팅 신기탁

등록번호 제300 -1994-16
등록일자 1994년 1월 24일

주소 서울시 마포구 동교로27길 53 지남빌딩 309호
전화 02-338-0084
팩스 02-338-0087
블로그 moonchusa.blog.me
E-mail moonchusa@naver.com

ISBN 978-89-7604-368-9 (03590)

※책값은 뒤표지에 있습니다.
※잘못된 책은 구입처에서 교환해 드립니다.

아이에게 적합한 강점에 집중하라

내 아이에게 가장 주고 싶은 5가지 능력

신성일 지음

문예춘추사

프롤로그

엄마로서 내 아이에게 가장 주고 싶은 능력

이 책은 '부모 노릇하기 어려운 세상이다.'라는 화두에서 출발했다. 아이를 교육시키는 데 있어서 꼭 필요한 다섯 가지가 있다. 인성, 재능, 습관, 독서, 공부다. 부모들에게 이 다섯 가지 중에서 아이에게 꼭 주고 싶은 능력이 무엇인지 물어보았다.

첫째, 성품이 반듯해서 주위 사람에게 존중받는 능력이다. 인성이 좋은 현자(賢者)의 자질을 지니게 하고 싶은가?

둘째, 자기가 하고 싶은 일을 잘하는 능력, 재능이다. 직업과 관련이 있다. 단 부모가 원하는 직업이 아니다. 자신의 재능을 발휘하며 살게 하고 싶은가?

셋째, 규칙적인 생활을 잘하는 능력, 습관이다. 성실하고 건강한 삶을 사는 자기 관리가 철저한 사람으로 만들고 싶은가?

넷째, 독서를 잘하는 능력이다. 책을 좋아하고 책 속에서 진리를 탐구하는 독서 신공이 되게 하고 싶은가?

다섯째, 공부를 잘하는 능력이다. 스스로 공부할 줄 알고 시험성적이 항상 최상위인 공부의 왕으로 키우고 싶은가?

당신 아이가 어떤 능력을 갖추기를 바라는가? 물론 하나를 선택하면 다른 것을 포기하는 선택이 아니다. 현재 상태에서 다른 네 가지보다 월등히 뛰어난 능력을 가지는 것이다. 다섯 가지 중에 꼭 주고 싶은 능력을 선택하면 된다. 어떤 선택을 할 것인가?

필자가 학부모와 학생 강의 중에, 상담 중에, 온라인 공개 조사를 통해, 전화 통화로 어떤 선택을 할 것인지 물었다. 이 질문에 머뭇거리지 않고 바로 한 가지를 선택하는 부모도 있고, "다섯 가지 모두 탐나요."라며 고민하는 부모도 있었다.

부모들은 다섯 가지 능력 중에 어떤 선택을 많이 했을까?

결론부터 말하면 1번 인성과 2번 자기가 하고 싶은 일을 잘하게 하는 능력을 많이 선택했다. 인성이 조금 더 많았다. 순위를 정리해 보면, 1위가 인성, 2위가 재능, 3위가 습관, 4위가 독서 능력이다. 하나 남은 공부 능력은 마지막 5위를 기록했다. 놀라운 사실은 공부를 선택한 부모가 한 명도 없다는 것이다. 대한민국 교육 현실을 감안할 때, 이 결과를 어떻게 해석해야 할까?

부모들은 인성과 재능을 삶의 중요한 가치로 본 것이다. 특히 인성이 1위라는 사실은 의미가 있다. 점점 증가하는 학교 폭력 같은 끔찍한 사건이 난무하는 시대를 반영한 선택일까!

요즈음의 청소년들이 저지르는 그릇된 행동은 가정 어느 부분에선가 구멍이 생겼고, 그 구멍으로 인간의 잔인한 본성이 빠져나왔기 때문이다. 학교와 사회가 그 구멍을 메워 주지 못해서 그런 결과가 생긴 것이다.

엄마들이 생각해 보기를 바라는 마음으로 몇 가지 질문을 추가해 보겠다.

두 번째 질문, '당신 자신이 어린 시절로 돌아가면 다섯 가지 중에 어떤 능력을 가지고 싶은가?'

세 번째 질문, '당신 아이에게 물어보면 어떤 선택을 할 것 같은가?'

이 질문을 아이에게 직접 해 보면 그들의 마음을 알 수 있다.

네 번째 질문은 앞의 질문들과 다르게 살짝 틀어 보았다.

네 번째 질문, '어떤 능력을 가지면 우리 사회에서 성공할 것 같은가?'

이 질문에 대해서는 첫 번째 질문과 정반대의 결과가 나왔다.

위 질문들에 관한 부모의 선택과 그 이유가 자못 궁금하다. 생각거리를 주어서 감사하다는 부모가 많았다. 부모는 자녀가 자기 자신에게 긍지를 느끼기를 원한다. 자존감이 높은 아이는 안정되고 강하며 독립적이며 자신감 넘치는 성인으로 자라기 때문이다. 이 책을 통해 보다 많은 부모가 인생이라는 격랑을 잡을 수 있다면 미래는 불안하지 않다. 우리 아이들이 가슴 뛰는 미래에 인재로 활약할 모습을 그려 본다.

* 책을 쓰는 데 도움을 주신 분들이 있습니다. 이 책을 쓰는 데 아이디어를 준 임명화 님과 김정욱 님에게 감사드립니다. 지수 아버지, 김기현 님, 배성철 님, 장승진 님, 전관헌 님, 서성모 님, 방학희 님, 천성녀 님, 김보민 님을 비롯해서 독서 토론 모임인 '책에 길을 묻다'의 임혜진 님, 신현철 님, 김은준 님, 김영미 님에게 감사드립니다. 여러 조언을 해 준 이혜영 님에게도 고마움을 전합니다. 그밖에 일일이 이름을 밝히지 못한 분들에게 양해를 구합니다.

성공적인 인생을 살게 하려면 두 가지 이상의 능력을 조합시켜라

2018년 평창 동계올림픽에서 일본 여자 500m 스피드스케이팅 사상 첫 금메달을 목에 건 고다이라 나오 선수. 경기 직후 자신을 환호하는 일본인에게 손가락으로 입술을 가려 조용히 해 달라고 했다. 다음 순서인 한국인 이상화 선수가 경기에 방해받지 않도록 한 배려였다. 경기를 마치고 들어온 이상화 선수에게 다가가 "잘 했어, 나는 여전히 너를 존경해."라고 하며 이상화를 안아 주던 고다이라 나오. 재능과 인성을 겸비한 그녀의 모습에 올림픽을 지켜본 한국인도 감동했다.

당신 아이의 장점은 무엇입니까?

인성인가요?

재능인가요?

습관인가요?

독서인가요?

공부인가요?

다섯 가지 중에서 조금이라도 앞선 능력이 있을 것이다. 인성, 재능, 규칙적인 습관, 독서, 공부는 아이 교육에 밀접히 관련되어 있다. 어느 것 하나 소홀하게 취급하면 안 된다. 인성과 재능을 선택한 부모가 다수였지만 순위에서 밀리는 습관, 독서, 공부가 덜 중요하다는 의미는 아니다. 다섯 가지가 아이 인생에서 독립적으로 중요하다.

당신은 아이를 키우면서 아이가 어느 분야에 관심이 있는지 또 어느 영역에는 무관심한지 알 수 있다. 당신이 아이의 엄마이기 때문이다. 다섯 가지 중 한 가지만 우수할 수 있고, 두 가지 이상 우수할 수도 있다. 어떤 것은 유독 싫어할 수도 있다.

공부는 중간 정도 하는데 독서는 좋아하지 않고, 이렇다 할 재능도 없다. 그러나 인성은 모나지 않고 규칙을 정해 놓으면 곧잘 지키곤 한다. 이럴 때는 이것도 큰 장점이라고 생각하고 인성과 규칙부터 시작하면 된다. 당신 아이가 유독 독서만 좋아할 수 있다. 그러면 독서부터 출발하면 된다. 싫어하는 공부를 무리하게 시키고 닦달하면 부작용이 생긴다.

경영학의 거장 피터 드러커는 《프로페셔널의 조건》이라는 책에서 사람은 자신의 강점으로만 성과를 올릴 수 있기 때문에 강점에 집중하라고 강조했다. 좀 더 논리적으로 부연하면 이렇다. 문제 해결 방법에는 직접적 방법이 있고 간접적 방법이 있다. 교육에서도 이 방법을 적용하면 성과율이 높다.

공부에 관심 없는 아이를 공부로 밀어붙이는 부모가 있다. 이것은 직접적 방법이다. 이 방법은 열에 아홉은 실패한다. 아이들이 공부를 더 싫어하게 만든다. 이때 아이가 조금 더 강점으로 가지고 있는 인성이나, 규칙, 독서, 하고 싶은 일을 통해 공부를 자극하게 하는 방법이 간접적 방법이다.

아직도 출세의 길은 공부밖에 없다고 생각하여 오로지 공부만 강조하는 학부모는 인성, 재능, 규칙, 독서가 2순위, 3순위일 수 있다. 세월이 지나고 난 뒤 생각해 보니, 그렇게 키우지 말았어야 했는데 하는 후회가 없지는 않을까? 이 조사를 진행하면서 그런 후회를 하는 부모를 적잖게 만날 수 있었다.

아이가 고등학생이 되어서도 위 다섯 가지 중 어느 것에도 관심이 없을 수 있다. 그렇다 하더라도 부모는 부모로서의 본분을 잊지 말고 변함없이 자녀를 인정해 주고 관심을 주고 사랑으로 격려해 줘야 한다. 성인이 되어서야 그 능력이 나타나는 경우도 있으니까.

안달하고 재촉하면 아이의 능력은 정체하거나 퇴보한다. 사실 내 아이가 어떻게 성장할지 정확히 아는 부모는 없다. 당신은 안다고 확신하는가? 확신하지 못할 것이다. 하지만 끝까지 믿어 보는 거다. 왜냐하면 엄마이니까. 세상에서 엄마의 마음보다 강한 건 없다.

이건 질문이다. 만일 당신 아이가 공부도 잘하고 예술(그림, 음악, 문학)에도 탁월한 재능이 있다면 당신은 어느 쪽을 선택하겠는가? 굳이 하나를 선택하라고 하면 쉽지 않을 것이다. 아이의 선택을 존중하고 아이와 충분하게 대화를 했을 때 결정할 수 있을 것이다.

중학교 1학년 아들과 초등학교 5학년 아들을 둔 평범한 회사원 아빠가 있다. 이 아빠에게 질문했다.

"다섯 가지 중에서 당신 아들은 어떤 능력이 우수합니까?"

아빠의 대답은 놀라웠다.

"중학교 1학년 큰아들은 다섯 가지가 모두 합격이고, 5학년 작은 아들은 다섯 가지가 모두 불합격입니다."

여러 명의 자식이 있어도 각각이 모두 다르다고 하지만, 같은 부모, 같은 환경에서 자란 두 아들이 어쩌면 이토록 다르단 말인가! 같은 부모의 아이들이라도 다른 교육 방식으로 접근해야 하는 이유다.

다섯 가지에 연연하지 않고 아이들을 자유롭게 키우고 싶다는 부모도 있었다. 아빠의 말 한마디가 가슴을 울린다.

"환경이 허락하지 않겠지만……."

우리 사회의 고질적인 장벽 때문이다. 우리나라에서는 개인의 자유 의지가 교육 환경을 극복하기 쉽지만은 않다.

대형할인점 문화센터에서 근무하며 네 살과 여섯 살 딸아이를 둔 여성 주임에게 물었더니 이렇게 대답했다.

"아이들에게 인성을 주고 싶어요. 저는 어린 시절로 돌아갈 수 있다면 독서 능력을 선택할 겁니다."

공부를 선택한 부모는 왜 없는지도 질문해 보았다. 대답은 이렇게 돌아왔다.

"아마도 공부를 선택하면 세속적으로 보일 것 같아 그러지 않았을까요."

마음과 다른 답을 선택했다는 뜻이다.

필자의 의견을 추가하자면, '공부를 선택하지 않은 건 자녀를 입시 지옥으로부터 벗어나게 하고픈 부모의 절절한 마음이 아니었을까!'라는 생각이 든다. 공부를 선택할 수 있는 부모를 못 만난 것일 수도 있다. 나아가서 공부는 기본으로 가지고 간다는 생각에서 선택하지 않았을 수도 있다. 대신 어린 시절로 돌아가면 공부 능력을 선택하겠다는 엄마는 몇 명 있었다. 공부에 아쉬움이 많았던 엄마의 솔직한 바람이지 않을까.

그렇다면 초·중·고등학교 학생들은 어떠할까? 초등학생들은 지역마다 현격히 달랐다. 어떤 지역에서는 독서를 선택한 학생이 많았고, 어떤 지역에서는 재능을 선택한 학생이 많았다. 또 어떤 지역에서는 습관을 선택한 학생이 많았다. 중·고등학생들도 대체로 비슷하기는 했지만, 대부분이 재능이나 습관을 선택했다. 중·고등학생들 역시, 어느 지역에서나 공부를 선택한 학생은 적었다.

예상은 했지만, 학생들의 답변을 들으면서 얼마나 공부에 지쳐 있는지 알 수 있었다. 부모의 선택과 다르게 인성을 선택한 학생은 거의 없었다. 이것은 성인과 미성년의 차이, 즉 인생 경험, 생각의 깊이 등에서 나는 차이는 아닐까! 인성의 중요성을 깨닫기에는 아직 어린 나이이기도 하다.

부모에게 "아이가 어떤 능력을 가지면 우리 사회에서 가장 성공할 것 같은가?" 이렇게 질문했을 때, 결과는 어떠했을까? 규칙적인 습관과 재능이라고 말한 엄마가 대다수였다. 그중에서도 규칙적인 습관이란 답변이 조금 더 많았다. 자기 관리를 잘하는 사람이 성공할 확률이 높다고 본 것이다.

이 책에 등장하는 다양한 사례는 세상 사람들이 알거나 모르고 있는 특별한 사람들의 이야기가 아니다. 대부분 우리 옆에 공존하는 이웃집 엄마와 아이의 경험이고 선생님의 실천 이야기다. 개인 정보 보호를 위해 모든 이름은 익명을 사용했다. 자, 이제 각각의 능력을 구체적으로 살펴보자.

차례

제3장 자기 관리가 철저한 사람으로 키우고 싶다 – 규칙 3위

제4장 하고 싶은 일을 하며 살게 해 주고 싶다 – 재능 2위

제5장 존중받으며 살도록 키우고 싶다 – 인성 1위

제1장

공부의 왕으로 키우고 싶다

- 공부 5위

승자 효과

- 방향을 1도만 틀면 아이가 바뀐다

왜 엄마들은 생후 10개월 된 아이에게 사교육을 시키는가?

서문과 개요를 정독하지 못한 독자를 위해 이 책을 쓰게 된 동기를 짧고 명료하게 전달하고자 한다. 부모는 아이에게 어떤 능력을 가장 선물하고 싶은지 나는 궁금했다. 그래서 습관, 독서, 인성, 공부, 재능 중에서 하나를 선택하라고 했다. 이 조사에 참여한 부모는 경제력, 학력, 직업, 연령, 거주지별로 다양했다. 조사 결과는 의외였다. 1위부터 나열하면 인성, 재능, 습관, 독서, 공부의 순서였다. 각각의 능력을 선택한 부모들의 주장이 진지하고 설득력있었다.

무엇보다 대한민국 교육 현실을 고려할 때 공부가 5위라는 사실은 참으로 의외였다. 5위라는 등수도 그랬지만 공부를 선택한 부모가 단 한 명도 없었다는 게 정말 놀라웠다.

공부를 선택한 부모가 한 사람도 없는 이유에 관하여 원고를 마무리하는 순간까지 깊이 생각해 보았다. 현실과 조사 결과가 너무도 큰 차이를 보였기 때문이다. 조사 결과를 바탕으로 내린 결론은 이렇다. 부모로서 사회생활을 해 보니 정작 중요한 게 무엇인지 깨달은 경우다. '공부도 중요하지만 인성이 더 중요했구나.' 또한 '인성을 통해 공부도 잘할 수 있어.' 하고 부모가 믿은 것이다. 이런 생각이 공부를 배제시킨 것이다.

현실로 돌아오면 공부 때문에 아이와 전쟁을 치루지만 마음 깊은 곳에서는 다른 선택을 한다. 공부 잘하는 아이로 키우고 싶은 건 학부모로서의 기본적인 욕구다. 인성이나 재능, 규칙적인 습관, 독서를 선택한 건 부모로서의 삶이 걸어온 또 다른 선택이다. 학부모와 부모의 차이다. 공부의 중요성은 알지만 다섯 가지 중에 하나를 선택하라고 하니, 부모 입장에서 선택한 결과다.

이제 본론으로 돌아오자. 예나 지금이나 학부모의 교육열은 변함없다. 이러한 교육열에 편승해서 아이에게 과하게 공부를 시키는 엄마가 있다. 이러한 엄마들은 자신의 경제력을 바탕으로 아이를 사교육으로 내몬다. 반면에 최대한 정도를 가려는 엄마도 있다. 수적으로는 앞의 엄마들보다 훨씬 적다. 이들은 아이의 발달 단계와 능력을 고려해서 교육시킨다. 엄마들만이 아니라 전문가들도 두 부류로 나뉘어 '조기 교육을 시켜야 한다' '놀려야 한다.' 하며 자기주장을 펼친다.

보도에 따르면 조기 교육을 강하게 주장하는 엄마는 만 2세부터 아이에게 국어, 한문, 수학, 영어 학습지를 시킨다. 더 내려가서 만 1세부터 영어, 발레, 미술 등을 배우게도 한다. 어떤 엄마는 이것도 부족해서 생후 10개월부터 음악 프로그램, 사설 놀이 학교에 보낸다. 사교육의 종류도 한글, 독서, 논술, 영어, 국어, 체육, 미술, 과학·창의, 사고력 수학, 연산 전문, 피아노, 수영, 미술, 줄넘기까지 천차만별이다. 줄넘기도 사교육을 받아야 하는 현실이다. 이러한 엄마들의 열성으로 사교육을 받는 아이 연령이 점점 하향화되고 있다.

그렇다면 엄마들은 왜 아이를 생후 10개월부터 교육시킬까? 이런 현상에는 축제를 위해 악대 차가 대열의 맨 앞에서 선도하면 사람들이 우르르 뒤따르는 편승 현상, 즉, 밴드왜건(bandwagon) 효과가 크게 작용한다. 특히 대한민국 학부모들은 공부에서 만큼은 이러한 밴드왜건 효과에 도가 넘게 집착한다.

악대 차 즉, 밴드왜건 효과를 더욱 부채질하는 것이 사교육이다. '아이의 두뇌 발전이 가속화되는 1~5세 때 적절한 자극을 주어야 한다.', '오감 능력을 키워 주고 언어 능력, 공간 감각, 수리, 운동, 기억 등의 능력을 미리미리 키워 줘야 한다. 그래야 지능이 높아져

아이가 공부를 잘한다.'는 사교육 광고에 현혹되어 너도나도 따라가는 웃지 못할 기현상이 벌어지고 있다. 맞벌이를 하고 빚을 지면서까지 아이 교육에 매진한다. 사실 이러한 광고가 틀린 말은 아니다. 연령 단계에 맞는 적절한 자극과 교육이 필요하고, 이는 아이 성장에 도움이 된다. 문제는 과도할 경우에 발생한다.

도가 넘는 현상에 우려하며 각계 전문가들이 이의를 제기하기도 한다.

"이 시절에는 충분한 수면을 취하고 부모와 나누는 심미적인 정서 교류가 무엇보다 필요하다."

"많이 놀게 하고 공부는 학교에 들어가서 시켜도 늦지 않다."

"지나친 사교육은 가정불화의 원인이고, 사교육시킬 시간에 책을 읽혀라."

"20년 뒤면 사회가 변하니 아이들이 공부에 멍들게 키우면 안 된다."

"이제 4차 산업혁명 시대다. AI 시대가 도래했다. 학원 뺑뺑이 돌리기보다 아이들의 개성과 창의성을 키워 줘야 한다."

이러한 주장도 옳은 얘기다. 하지만 조기 교육을 강하게 주장하는 엄마가 이런 이야기를 들으면 곧바로 맞받아 대답한다.

"초등학교 입학 전까지 무조건 놀리라는 것은 무책임한 말이죠. 도대체 뭘 하면서 놀리란 말인가요? 그분들 아이는 그렇게 키운답니까? 부모가 돼서 아이에게 적극적으로 투자하는 것이 잘못된 건 아니죠."

이 또한 맞는 말이다.

아이의 잠재력이나 능력을 고려해서 필요한 교육을 할 때 아이가 최고로 성장할 수 있다. 가장 좋은 교육은 부족하지 않고 과하지 않은 아이에게 맞는 교육이다.

밴드왜건 효과에 깊이 젖어 있는 엄마는 아이의 조기 교육을 자제하라는 말에 별로 감응을 안 받는다. '미래지향적인 교육을 시켜야 하나? 어떻게 해야 하지?' 하면서 갈등하는 엄마도 결국은 대세에 휩싸여, 이 생각이 내 아이와는 상관없는 남의 일이라고 생각한다. 엄마는 당장 아이 공부 때문에 오늘도 잔소리를 한다. 인성이나 독서, 재능 관련 강연회보다는 아직도 공부 강연회에 부모들이 많이 몰린다.

그런데 여기서 의문점이 하나 생긴다. 이렇게 어린아이를 일찍부터 사교육에 밀어 넣으면 정말 공부를 잘하게 되는 것일까? 초등학교에 올라가고 중학교를 지나면서 아무 문제없이 공부를 잘하는 우등생이 되는 것일까? 이런 현상을 연구하는 전문가 집단인 '육아정책 연구소'에서 분석 결과를 내놓았다.

연구소의 다수 연구에 따르면 영·유아기의 과다한 사교육은 아동 발달에 부정적 영향을 끼친다. 대표적인 부작용으로는 관계의 어려움, 사회적 미성숙, 불안, 감정 조절의 어려움, 주의 산만 등을 들 수 있다. 이런 아이들의 두뇌가 제대로 발달하면서 공부를 잘한다는 것은 상식적으로 납득하기 어려운 일이다. 영·유아 시기부터 공부에 지친 아이들은 정작 학교 들어가서 공부에 재미와 흥미를 잃는 경우가 많다.

물론 극소수의 아이들은 조기 교육이 공부에 도움이 되기도 한다. 뛰어난 역량을 지닌 아이라면 조기 교육을 별 어려움 없이 소화할 수도 있다. 이런 아이들은 엄마의 기대에 부응해서 초반에 선두 그룹에 들어간다. 이렇게 선두 그룹에 들어간 아이들이 지속적으로 선두에 있다는 연구 결과는 아직 보지 못했다. 이런 아이들이 중·고등학생이 되면 이때도 선행 학습은 필수다. 선행 학습에 길들여진 아이들은 대학생이 되어서도 사교육에 의존한다. 사회생활에서 사고력, 창의성, 주도성이 떨어지니 결국 어린 나이의 사교육은 개인적으로나 사회적으로나 마이너스다. 독일 교사가 학교 현장에서 부모에게 말하는 첫마디가 "절대 선행 학습을 시키지 말라."이다. 핀란드 학생들은 "사교육이 무슨 말인지도 몰라요."라고 말한다. 곱씹을 필요가 있다.

아인슈타인으로 키우고 싶어 하지만 정작 아인슈타인의 말은 듣지 않는다

각계 전문가들이 아이의 과도한 조기 사교육을 성토하고 있지만 엄마들은 들으려 하지 않는다. 엄마들은 아이를 아인슈타인처럼 키우고 싶어 하면서도 아인슈타인의 말은 듣지 않는다. 이상한 현상이다. 아이를 천재, 수재, 영재로 키우고 싶어 하지만 도리어 그들의 말은 듣지 않는다. 아인슈타인은 지식보다는 상상력이 중요하다고 강조했다. 상상력을 키워 주라는 얘기다. 하지만 우리의 현실은 어떤가? 영·유아 때부터 지식 주입에 바쁘다.

피카소는 "모든 어린이는 예술성을 타고난다. 다만 어떻게 길러 주느냐의 문제다."라고 했다. 아이가 얼마만큼 예술성을 유지하면서 자라게 해야 하는가? 아이의 예술성을 위해 '정원의 야생화처럼 자연스럽게 키워라.'는 설득은 사교육 앞에서 무너지고 만다. 아인슈타인과 피카소의 말이 얼마나 의미심장한 얘기인지 엄마들은 깨닫지 못하고 있는 듯하다. 알면서도 어쩔 수 없다는 입장인 엄마도 있겠지만.

'질문 많은 아이로 키워라.'는 교육 전문가의 말도 새겨듣지 않는다. 답을 미리 알려 주는 교육 속으로 아이들을 들이밀면서, 천진난만한 질문으로 세상을 바꿀 수 있는 '빅 퀘스천(Big Question)'을 기대하는 것은 무리다. 미국 스탠퍼드대학은 전 세계 학생이 어떤 질문도 할 수 있는 홈페이지를 운영 중이다. 질문의 힘을 느끼게 해 주는 대표적 사례다. AI가 할 수 없는 일이 질문이기 때문이다.

아이들의 무기는 상상력과 질문이다. 상상력과 질문은 기본이다. 아이들이 마음껏 상상과 질문의 나래를 펼 수 있게 해 주어야 그것이 공부의 기반이 된다는 사실을 알아야 한다. 상상력과 질문 속에서 창의성도, 예술성도, 학습 능력도 과즙처럼 터져 나온다.

상상력에 관해서 조금 더 이야기해 보자. 상상력의 중요성을 구체적으로 주장한 학자가 있다. 세계적인 베스트셀러 《생각의 탄생》의 공동 저자 미셸 루트번스타인은 상상력을 강조한다. 그녀는 세상을 바꾼 천재를 연구하다 공통점을 발견했는데, 그들이 어린 시절 가상 세계를 창조한 경험이 있다는 것이다. 그녀의 딸도 어린 시절에 가상 세계에 몰입했고, 커뮤니케이션과 언어학을 전공한 뒤에 지금은 동물학과 환경 보전 분야에서 박사 과정을 밟고 있다고 한다.

교육계에서 강조하는 창의 융합 교육과 자기 주도 학습이 이 같은 상상 놀이 즉 '월드플레이(world- play)'를 통해 이루어질 수 있다고 루트번스타인은 주장한다. 월드플레이란 무엇일가? 아이가 가지고 노는 사물에서든, 자연이든, 국가든, 가상 세계를 창조해서 신나게 상상의 나래를 펴고 노는 행동이다. 아이는 놀이를 통해 경험을 쌓는다. 놀이를 하면서 놀이 속 인물에 몰입하고, 사건의 시간적 순서를 익히고, 감독처럼 스스로 대본도 만들어 본다.

이것은 미국 초·중·고등학교 학생들이 즐겨하는 '심시티(Sim City)' 시뮬레이션 게임과 유사하다. 이 게임의 교육적 유용성 때문에 미국에서는 미국 학생을 위한 교육용 〈심시티 에듀〉가 출시될 정도다.

예를 들면, 시장이 되어서 도시를 개발하는 게임도 심시티 게임의 일부인데, 집도 짓고, 상가도 짓고, 도로도 깔고, 발전소도 만든다. 공장을 건설해서 시민이 일하게 하고 세금도 걷는 등 가상의 도시를 만들어 가는 게임이다. 치안을 신경 쓰지 않으면 범죄가 발생하고, 일을 너무 많이 시키면 파업도 일어난다. 배수 시설이 안 좋으면 홍수도 나고 지진, 태풍 같은 재난도 발생한다. 이런 일이 일어나면 시장인 플레이어가 이를 처리하면서 도시를 발전시켜야만 한다. 생각만 해도 재미있지 않은가. 엄마는 아이에게 어떻게 상상력을 길러 줄 것인지 고민해야 한다. 일부 엄마가 생각하듯이 게임이 모두 나쁜 것은 아니다. 아이에게는 상상 활동이 곧 공부다.

다른 길을 가는 엄마들
- 사춘기 이전 교육이 사춘기 이후를 결정한다

다음 두 개의 길 중 당신은 어떤 선택을 하고 어떤 길을 가겠는가? 엄마 99명이 공부 욕심에 어린아이들을 펄펄 끓는 사교육 현장으로 밀어 넣고 있는 길이 있다. 또 다른 길에는 엄마 1명이 그런 교육에 반대하며, 조금만 방향을 틀어 아이를 교육시키려고 한다. 엄마 99명과 다른 방식으로 교육하려면 많은 용기가 필요하다. 이런 엄마들은 차가운 철의 장벽 같은 현실 속에서 이런 생각을 하고 있다.

'초등학교 입학 전까지는 공부의 바탕을 준비하는 시기지, 과도하게 공부를 하는 단계가 아니야.'

이 방식을 택한 엄마의 아이를 키우는 방식에 집중할 필요가 있다. 이런 엄마는 아이를 교육할 때 그들만의 키워드가 있는데, 그것이 바로 정서, 유대, 놀이, 상상, 자연, 질문이다. 초기에는 사교육을 일찍 받은 아이보다 다소 늦을 수 있다. 이걸 알지만 아이의 큰 미래를 보고 다른 길을 간다. 엄마의 이러한 정성에 힘입어 자란 아이는 시간이 가면서 점차 능력을 발휘한다. 초등학교 중학년, 고학년을 지나고 중학교 올라가서 두각을 나타낸다. 설사 중·고등학교에 올라가서 공부를 잘하지 못하더라도 성인이 되어 뒤늦게 두각을 나타내는 경우도 있다.

어떤 엄마는 아이 공부에 있어서 큰 성과를 발휘한다. 어떤 엄마는 정신적, 경제적으로 아무리 쏟아 부어도 아이 공부에 실패한다. 실패하는 이유는 뭘까? 실패한 이유는 복잡하거나 멀리 있지 않다. 그것은 1° 차이다. 조금만 방향을 틀면 시간이 가면서 바뀌는데 그것을 거부하고 오기를 부린 결과다. 아이 교육에서 오기는 금물이다.

아이를 키우다 보면 어디로 튈지 모르는 탁구공 같을 때가 많다. 엄마가 원하는 대로 자라면 좋은데 현실은 대체로 그렇지 못하다. 부모 말에 지극히 순종적이면서 말썽 한 번 안 일으키고 자라는 아이는 거의 없다. 남들이 보면 부러운 환경인 것 같은데 삐뚤게 나가는 아이도 있고, 부모가 맞벌이를 하느라 바빠 신경을 제대로 쓰지 못하는데도 크게 사고치지 않고 잘 자라는 아이도 있다.

사춘기 이후는 사춘기 이전이 어땠는지에 따라 결정된다. 외부 환경도 무시할 수 없지만, 아이에게 미치는 절대적인 힘은 가정 환경이고 부모다. 부모가 영·유아와 초등학교 시절에 아이를 어떻게 키웠는지에 따라 그 이후가 만들어진다는 의미다.

초등학교 졸업 이전에는 아이가 인생을 걸어가는 기본적인 태도와 가치관을 가르쳐야 한다. 물론 여기에는 학습 태도와 습관도 포함된다. 이렇게 사춘기 전에 바람직한 교육이 몸에 배었다면 아이가 설사 중학교 이후, 좌절과 고통의 시기가 오더라도 회복 탄력성이 작용해서 이전 상태, 혹은 더 진전된 상태로 복귀하기가 수월하다.

꼴찌에서 벗어나기가 불가능하리라 여겼는데 엄마와 선생님의 도움으로 1등을 거머쥔 사례, 중간 성적의 아이였는데 각고의 노력 끝에 서울대학교 의대에 합격한 사례, 전교 1등을 하던 아이가 갑자기 성적이 하락하더니 다시 제자리로 돌아온 사례 등 다양한 경험적 사례가 있다. 이러한 경우의 공통점은 사춘기 이전의 시간을 어떻게 보냈느냐에 따라 결과가 달라진다는 것이다.

승자 효과(winner effect)란 말이 있다. 이기는 사람이 계속 이긴다는 뜻으로, 신경심리학 분야의 국제적인 권위자인 이안 로버트슨 교수가 《승자의 뇌》에서 밝힌 이론이다. 작은 목표에 성공하면 그보다 큰 목표의 성공도 어렵지 않다는 내용이 핵심이다. 승자 효과 이론을 토대로 성공한 사람의 발자취를 파헤친 리웨이원은 《결국 이기는 사람들의 비밀》에서 성공한 사람은 이기는 경험에 익숙하다는 사실을 보여 주었다.

이기는 아이 뒤에는 이기는 부모가 있고, 지는 아이 뒤에는 지는 부모가 있음을 알아야 한다. 내 아이의 현재 모습은 내가 키운 과거의 모습이자, 아이의 미래 모습이기도 하다.

아이를 공부시키기 위한 부모의 고군분투

- 조기 교육이냐 적기 교육이냐

아이에게 공부 능력을 선물로 주고 싶다는 부모는 없었지만, 본인이 어린 시절로 돌아가면 공부 능력을 선택하겠다는 부모는 있었다. 이것은 무엇을 의미하는가? 학창 시절 공부를 안 했든지, 못했든지 후회스럽다는 뜻이다. 그렇다면 당신의 아이도 미래에 마찬가지가 아닐까? 공부를 잘했다면 후회는 안 하겠지만, 공부를 게을리했다면 미련이 남아 후회할 일이기 때문이다.

수학능력시험을 본 한 남학생이 기억에 남는다. 수능시험 성적표를 보고 남학생은 눈물을 흘렸다. 이 학생의 등급은 4, 6, 4, 5, 4, 4였다. 학생은 엄마에게 전화를 걸어 이렇게 얘기했다.

"엄마, 공부 안 해서 미안해. 때려서라도 시키지 그랬어."

이 학생은 공부할 수 있을 때 열심히 공부하지 않은 자신을 원망했다. 늦기는 했지만 바로 정신을 차린 경우다.

정상적인 사회인이 직장 생활이 숙명이라면 학생도 공부가 숙명이다. 숙명이란 표현이 강하게 다가올지 모르지만 이건 거부할 수 없는 현실이다.

부모는 그런 아이를 옆에서 바라보며 뒷받침해 줘야 하는 숙명적인 존재다. 자신의 어린 시절을 돌아보며 욕심이 과하지 않게 정서적 지원을 아끼지 말고 아이와 긴밀한 유대를 통해 스스로 공부할 수 있도록 도와주어야 한다. 아이가 조금 늦더라도 조급해 하지 말고…….

모든 아이가 공부를 잘해서 법률가, 의사가 되어야만 하는 것은 아니다. 그러한 직업을 가지려고 모든 아이가 공부한다면 그 사회는 얼마나 비참한 사회겠는가. 모든 아이는 공부를 통해 사고하고, 목표를 설정하고, 지혜롭게 사는 법을 배워야 한다. 그래서 자신이 원하는 일을 하며 살 수 있도록 해야 한다.

수많은 아이들이 어떻게 성장해 갈지는 그 누구도 모른다. 부모도 모른다. 태교 방식, 아기가 처한 물리적 환경, 부모의 양육 태도, 아이의 지능과 기질이 모두 다르기 때문이다. 이러한 조건들이 하나로 모여 나중에 아이의 공부 능력을 만든다. 몇 가지 사례를 보면서 과연 부모는 공부하는 아이에게 무엇을 해 주어야 하는지 마음에 새겨 보자.

전라도의 어느 도시에 이런 사례가 있었다. 학력이 저조한 부부가 아이 셋을 키우며 어렵게 살았다. 부부는 늘 공부 못한 후회가 있었지만 그렇다고 아이들에게 공부 스트레스를 주지도 않았다. 경제적으로도 여유롭지 못해 부부는 맞벌이를 했다. 이러한 환경에도 불구하고, 큰아이가 초등학교 들어가서 글을 읽고 쓸 줄 아는 것이 부부는 너무도 대견스러웠다.

일하고 집에 들어온 부부는 큰애가 국어 교과서를 소리 내서 읽으면, "워메, 우리 아들이 글을 다 읽고 쓰다니. 내 새끼." 하면서 감격해 했다. 부부는 칭찬을 아끼지 않았다. 이것은 부부에게는 꾸밈없는 자연스러운 일상이었다. 그런 부모를 본 아이는 '아, 우리 엄마, 아빠가 이렇게 기뻐하는구나.' 싶어서 더 크게 더 많이 소리 내어 글을 읽고 썼다. 생각해 보면 별 것 아닐지 몰라도 이러한 소소한 자연스러운 칭찬이 대변화의 시작인지도 모른다.

부부는 아이의 책 읽는 모습이 너무 기뻐 시간만 나면 알뜰 장터로 나갔다. 장터에 나온 책을 사서 아이에게 가져다 주었다. 아이는 부부가 가지고 온 책들을 닥치는 대로 읽었다. 그러다 보니 엄청난 독서량이 쌓였다. 물론 이것은 자연스럽게 공부 능력으로 이어졌다. 여기서 끝나지 않았다. 동생들이 오빠가 하는 것을 그대로 따라하는 도미노 현상까지 발생했다. 열심히 공부한 덕분에 첫째는 서울대학교에 들어갔고 둘째와 셋째도 서울에 있는 명문 대학교에 장학생으로 합격했다.

부모마다 받아들이는 진폭은 다르겠지만, '아이들이 이렇게도 성장할 수 있구나.'를 보여 주는 교훈적인 사례임에 틀림없다.

이번에는 위와는 다른 환경에서 자라고 노력해서 일류 대학교에 진학한 사례를 소개해 보겠다. 위 사례와 공통점이 무엇인지 비교해서 이해하면 아이 공부에 도움이 된다.

아빠는 대기업에 다니고 엄마는 공무원인 윤택한 가정이다. 아들만 하나다. 친할아버지 또한 경찰 공무원 출신으로 손자에게 무한한 애정을 쏟았다. 아이는 초등학교 때 공부에 두각을 나타낸 편은 아니었다. 그렇다고 부모가 아이에게 공부 스트레스를 주거나, 학원으로 내몰지도 않았다. 뭐든 아이가 할 때까지 기다려 주었다.

아이는 중학교 올라가서 노력을 통해 점차 성적이 올라갔다. 노력의 계기는 새로운 환경에 대한 긴장감과 성과를 내고 싶다는 욕심 때문이었다. 그것이 동기 부여이자 작은 출발이었다. 그렇게 노력한 결과 성적이 올랐다. 성적이 오르면서 주변의 박수와 칭찬을 받았다. 성적이 급격하게 오르지는 않았지만 한 번 오른 성적이 상승세를 타면서 급기야 전교 1등까지 거머쥐었다. 1등을 한 번 거머쥐고 나서 누리는 게 많다는 사실을 알았다.

학생으로서 공부 잘하는 능력을 갖추면 변화가 일어난다. 주변에서 대우가 달라진다. 그걸 알게 된 거다. 그 다음부터는 더욱 욕심을 내어서 공부하게 되었다. 1등을 놓치면 안 된다는 불안감도 있었지만 목표를 놓지 않았다. 자신감도 잃지 않으려고 애썼다. 부부는 이 과정에서 아들과 대화를 많이 했고, 아들이 현재 필요한 것이 무엇인지, 고민은 무엇인지 들어주며 신경을 써 주었다. 아들은 고3 졸업 때까지 1등을 놓치지 않고 2017년 서울대학교 의대에 입학했다.

두 가지 사례를 통해 알 수 있는 사실이 명확해졌다. 이러한 성과 뒤에는 본인의 노력도 있었지만 부모의 태도가 뒷받침되었다는 점이다. 물질적인 환경은 판이했지만 어려서부터 평온한 가정생활과 아들에게 공부 스트레스를 주지 않는 가정 분위기였다.

부유한 환경이 아이들이 공부하는 데 도움이 된다는 것은 사실이다. 강남의 교육 인프라 덕에 자식 농사에 성공했다고 자부하는 부모들도 다수 있다. 그렇다고 가난이 결코 아이를 공부와 멀어지게 하는 이유도 못 된다. 두 사례를 정리해 보면, 아이에게 공부 스트레스를 안 준다는 것, 강한 동기 부여가 있었다는 것, 거기에 본인의 의지력이 결합해서 낳은 결과가 일류 대학교 합격이었다.

공부를 안 한다고 아이를 쥐 잡듯 했던 엄마는 나중에 후회했다. 학부모로서의 역사를 마치고 부모로 돌아갔을 때 지난날을 후회하는 엄마가 많았다. 상담했던 부모들 중에도 다수 있었다. 아이에게는 후회할 일을 만들지 말라고 하면서 정작 본인이 후회할 일을 만들었던 셈이다. 공부로 아이와 대결하고 싸우고 잔소리해서 결국 남는 건 상처뿐이었다.

이번에는 내가 전에 쓴 책에 나오는 사례를 소개하겠다. 엄마의 인터뷰 내용을 보충했다.

딸과 아들을 둔 엄마가 있다. 딸과 아들의 나이 차이는 다섯 살이다. 엄마는 딸이 초등학교에 입학하자마자 옆에 끼고 가르치기 시작했다. 초등 과정은 충분히 가르칠 수 있다는 생각에서였다.

딸에게 수학 풀이 과정을 설명하면서 이렇게 해야 한다며 일일이 설명해 주었다. 3학년에 올라가서 배우는 사회, 과학도 2학년 겨울방학 때 읽게 했다.

딸이 시험 보는 날이면 엄마는 조마조마했다. 시험은 떨지 않고 잘 치루는 지, 배운 내용을 잊어버리지 않고 답은 잘 쓰는지, 딸보다 엄마가 더 걱정했다. 딸이 시험을 보고 집에 오면, 그 즉시 엄마는 시험지부터 꺼내 틀린 문제를 점검했다.

"이 문제는 풀었던 건데 틀리면 어떻게 해."

"사회, 이 문제는 왜 틀렸어? 어제 엄마하고 외웠던 거잖아."

이런 식으로 딸을 다그쳤다. 엄마는 딸이 시험 보는 날이면 평소의 엄마 모습이 아니었다.

딸이 4학년을 마치고 5학년이 되었다. 딸이 고학년이 되었을 때 엄마는 눈물 흘리는 날이 많아졌다. 엄마는 자신의 경솔함을 후회했다. 딸에게 너무도 미안한 마음이 들었다. 자신이 딸의 생각을 망쳐 놨다고 자책했다. 시간을 돌릴 수만 있다면 좋으련만 그럴 수 없는 것이 한탄스러웠다. 이유가 뭘까?

딸은 학년이 올라갈수록 수동적이 되었다. 충분히 혼자 할 수 있는 일도 엄마에게 의지하는 것이었다.

"엄마가 문제 내 줘 봐."

"엄마 이거 잘 모르겠어. 풀어 줘."

이런 식이었다. 사회, 과학 과목은 스스로 해도 충분할 텐데, "이거 무슨 뜻이야?" "이거 잘 안 외워져." "이건 어떻게 해야 해?" 늘 엄마를 찾았다. 스스로 할 생각은 안 했다.

이런 딸의 모습에 엄마는 딸을 나무라지 않고, 자신의 행동이 얼마나 이기적이었는지 후회했다. 딸이 이렇게 된 것이 자기 잘못 때문이라고 여겼다. 딸은 엄마 없이는 아무 것도 할 수가 없었다. 스스로 생각하고 스스로 행동할 수가 없었다. 방법을 알려 주고 스스로 생각하고 찾게 해 주지 않고, 온종일 끼고 가르치려 했던 지나친 욕심의 결과였다고 생각했다.

그 이후 엄마는 딸이 스스로 생각할 수 있도록 두 배 세 배 노력했다. 또한 아들만큼은 그렇게 교육시키지 않겠다고 다짐했다. 적당히 코치만 해 주고 스스로 할 수 있도록 교육을 시켰다. 그러자 아들은 커가면서 자립심이 누나보다 훨씬 강해졌다. 딸은 그 이후 잘 커서 음대에 들어갔고 아들은 서울에 있는 명문 대학교에 입학했다.

"지금 두 아이를 다 키워 놓고 그때를 생각하면 얼마나 후회스러운지 몰라요." 나에게 한 말이다.

이 이야기에 공감이 가는가? 엄마가 커 가는 아이의 생각을 제한

하고 지배하는 것만큼 위험한 일은 없다. 아이가 공부하면서 스스로 생각할 수 있는 힘을 키워 주는 것이 부모의 역할이다.

이번에는 내가 보았던 6학년 남학생의 이야기다.

인호는 외아들이다. 아빠는 사업가에 부유한 집안 아들이다. 엄마에게 인호는 전부나 마찬가지다. 엄마는 인호를 1학년 때부터 학원으로 내몰았다. 하루에도 학원을 몇 개씩 돌리면서 그렇게 시키면 다 되는 줄 알았다. 인호가 어쩌다 쪽지 시험에서 한두 개라도 실수로 틀려 오는 날에는 집안이 뒤집어졌다. "이것도 모르냐?"고 하면서 인호를 닦달했다.

인호는 매일매일 엄마가 만들어 놓은 현실에 끌려 다녔다. 엄마가 가라는 학원, 엄마가 모셔 온 선생님, 엄마가 만들어 놓은 계획표대로 움직이는 로봇이나 다름없었다. 학년이 올라갈수록 1등을 해야 한다는 강박에 시달렸다. 최고가 되어야 한다는 엄마의 잔소리만 들으면 가슴이 막혀왔다. 시간이 갈수록 인호는 엄마의 기대에 미치지 못했다. 성적은 계속 떨어지고, 압박감이 머리끝까지 올라왔다. 심지어 원형 탈모까지 생겼다. 이제 갓 열세 살 초등학생인데 공부에 관한 흥미고 뭐고 자신감은 추락했고 삶이 즐겁지 않다고 나에게 털어놓았다. 가출까지도 생각한 인호였다.

이러한 인호의 마음을 몰라 주고 엄마는, 인호는 머리가 좋은데 의지를 안 낸다며 야단을 멈추지 않았다. 엄마는 의지를 낼 수 있는 방법은 알려 주지도 않으면서 오직 "공부, 공부"를 외쳤다. 자신의 생각과 행동은 돌아보지 않으면서 스스로 하지 못하는 아들만 가지고 뭐라고 했다. 엄마는 인호를 답답해하고 그러다 안 되면 조상 탓을 했다. 결국 아빠를 닮아서 그렇다고 말이다. 인호는 얼굴이나 말에서 기쁜 표정이 하나도 없었다.

인호처럼 이렇게 끔찍한 현실 속에서 살아가는 초등학생들이 있다. 자신감을 상실한 채로 말이다.

초등학생들은 상당수 고학년이 될수록 마음속에 지뢰밭을 하나씩 품고 산다. 공부라는 이름의 지뢰밭이다. 학교에서는 작았던 지뢰밭이 집에 오면 커진다. 그 이유는 엄마 때문이다. 사실 엄마도 지뢰밭이 있기는 마찬가지다. 그 지뢰밭이 언제 터질지 모르는 분위기에서 살아간다. 인호와 엄마처럼, 서로가 지뢰밭을 안고 사는 가정이 적지 않다.

저학년이나 중학년 때는 엄마가 시키는 대로 다 한다. 하지만 고학년이 되면서 자아가 조금씩 형성되고 사춘기가 찾아오면 반항이 시작된다. 그런 아이들을 심심찮게 봤다. 결국 지뢰는 터지고 만다. 마음속에 지뢰밭이 있으면 집중력도, 공부에 대한 자신감도 떨어진다. 공부에 있어서 가장 큰 재산은 자신감이다. 그런 자신감이 없는데 어떻게 공부를 잘할 수 있을까.

공부를 잘하는 아이의 가정은 서로 닮았지만, 극심한 공부 스트레스에 시달리는 아이의 가정은 모두 저마다의 이유가 있다.

이번에는 아이의 공부를 위해서 아빠가 나선 경우다. 전문 직업을 가진 아빠가 아이의 공부를 위해 계획을 세워 목표를 이룬 사례다. 이 사례는 필자의 기억에 의존한 것이기 때문에 전체적인 맥락으로 이해해야 한다. 두 아들이 중학생일 때, 아빠는 이런 제안을 했다. 어렵게 생각해서 내린 제안이었다.

"이제부터 밤 9시에 자고 새벽 4시에 일어나면 좋겠어."

아빠의 말을 들은 두 아들은 깜짝 놀랐다. 아빠의 제안에는 치밀함이 있었다. 가족이 함께 모여 저녁을 일찍 먹고 쉬다가 9시에 취침한다. 당연히 전화기 코드는 뽑아 놓는다. 휴대폰도 꺼 놓는다. 학원은 일체 다닌 수 없다. 새벽 4시에 기상한다. 5분 정도 몸을 풀고 아빠와 엄마는 책이나 신문을 본다. 두 아들은 공부를 시작한다. 이때 중요한 규칙이 있다. 학교생활 패턴과 똑같이 한다. 즉 50분 공부하고 10분 쉬는 것이다. 이렇게 공부하다가 아침을 먹고 학교에 간다. 이 계획은 두 아들이 대학에 입학하기 전까지 실행하기로 한다.

두 아들을 위한 아빠의 치밀한 전략에 의해, 성공할지 실패할지 모르는 상황에서 내린 결단이었다. 고민 끝에 두 아들은 동의를 했다.

이 계획을 시작했을 때 불편한 게 한두 가지가 아니었다. 부모나 아이들이나 마찬가지였다. 아빠는 두 아들이 대학 갈 때까지 퇴근 뒤에 일체 사생활이 없었다. 두 아들은 일단 생활 리듬이 바뀌니 적응하기 쉽지 않았다. 새벽에 공부하다가 졸거나 학교에 가서 졸기가 일쑤였다. 중간에 포기하고 싶은 생각도 들었다. 이것을 일단 버텨 내야 했다. 학원의 도움을 못 받으니 스스로 공부하는 방법을 찾아야 했다. 학교 수업에 충실할 수밖에 없었다. 그렇게 한 달 두 달이 지나면서 바뀐 생활에 적응하기 시작했다. 그러면서 변화가 조금씩 찾아왔다. 일단 하루 시간이 길어졌다고 느끼게 되었다. 학원에 다닐 때보다 스스로 공부하는 학습량이 대폭 늘어났다. 가족이 하나의 힘이 되어 서로를 격려해 주니 그것이 동기 부여가 되었다. 두 아들은 성적이 오르기 시작했다. 무모한 일처럼 생각되던 이 전략은 두 아들이 고3이 될 때가지 진행되었다. 결국 두 아들은 서울대학교에 합격했다.

이런 방법은 가족 구성원의 확고한 의지가 없이는 불가능하다. 꼭 이렇게 하지는 않더라도 아침 공부를 활용하는 방법은 권장할 만 하다.

아이 능력을 파악하고 간접적 방법을 활용하라

아이는 어떻게 변화하는가

아이들을 지도하고, 부모 교육 강의를 하면서 알게 된 사실이 있다. 공부에 있어서 아이나 엄마나 두 그룹으로 나뉜다. 아이들부터 보자. 아이들은 학년이 올라갈수록 공부하기를 싫어한다. 그럼에도 불구하고 공부에 의지를 내는 아이와 의지를 내지 않는 아이로 나뉜다. 이 의지는 어디에서 오는 것일까?

엄마는 어떠할까. 엄마는 모두 자기 자식이 공부 잘하기를 바라는 욕심이 있는데, 그 욕심을 과도하리만치 적극적으로 행동에 옮기는 엄마가 있는 반면 욕심을 절제하고 아이 입장을 헤아려서 공부시키는 엄마가 있다. 결국 아이들은 의지력의 문제고, 엄마는 욕심의 문제다.

당신 아이가 초등학생이 되면 세 번의 변화가 찾아온다. 첫 번째는 유아기를 벗어나서 학교라는 새로운 환경에 들어가는 1학년에 때다. 두 번째는 사회와 과학 등 새로운 교과 과정이 생기는 3학년 때다. 세 번째는 학습이 심화되는 5학년 때다. 각각의 변화 시기에 아이가 심리적, 지식적으로 유연하게 대처할 수 있도록 엄마의 도움이 필요하다.

엄마가 애를 써도 공부를 따라가지 못하는 아이들이 있다. 아이가 받아들이는 능력이 천차만별이기 때문이다. 나는 그동안의 경험으로 아무리 힘든 아이라도 변할 수 있다는 사실을 확인했다. 아이의 강점, 엄마의 지혜로운 사랑, 능력 있는 코치(coach)가 합쳐지면 어떤 아이도 변할 수 있다. 다만 시간이 걸릴 뿐이다.

아이의 공부 능력이 우수하고, 능력 있는 코치를 만나더라도 엄마의 욕심이 과하면 아이는 올바로 성장하기 힘들다. 나는 그런 아이들을 여럿 보아 왔다. 아이에게 공부 의지가 있고, 엄마에게 지혜로운 사랑이 충분하더라도 훌륭한 코치를 만나지 못하면 능력을 향상시키는데 한계가 있다. 전문가가 왜 있겠는가. 아이나 엄마가 생각하고 볼 수 없는 영역이 있다. 아이에게는 공부 의지가 없지만, 엄마에게 지혜로운 사랑, 능력 있는 코치가 함께하면 아이는 변화할 수 있다.

다음 사례는 믿기 힘든 반전 드라마다. 아이의 강점, 엄마의 지혜로운 사랑, 능력 있는 코치가 만들어 낸 아이의 성장기다.

부유한 중산층 가족이 있다. 엄마는 외아들 교육에 모든 것을 바쳤다. 태민이는 태어난 뒤 모든 것이 느렸다. 말도 느리고 행동도 느렸다. 병원도 찾아가 봤고, 아동심리센터도, 미술 치료도, 해 볼 수 있는 것은 다 해 보았다. 하지만 소용이 없었다. 태민이는 엄마가 숙제하라고 하면 책상 앞에 두 시간이고 세 시간이고 앉아 있는 아이였다. 이것이 태민이의 강점이라면 강점이었다. 그렇지만 숙제 진도는 거의 나가지 않았다. 엄마는 답답했지만 아이 성향을 알고부터는 태민이가 하기 싫은 일을 억지로 시키거나 두 번 이상 잔소리를 하지 않았다. 엄마는 태민이를 지도할 전문가를 찾기 시작했다.

태민이가 초등학교 3학년이 되었을 때, 지인의 소개로 남자 수학 선생님을 만났다. 그전에 여러 학습지 선생님들이 태민이에게 적응하지 못하고 그만두었다. 새로 온 수학 선생님 역시 태민이를 지도한지 한 달만에 그만두겠다고 했다. 가능성이 없다고 판단했다. 무엇보다 태민이를 가르치는 시간이 힘들었다. 진도가 안 나갔고 소통도 잘 안 되었다. 이때 엄마는 이렇게 얘기했다.

"선생님 원하는 거 하나도 없습니다. 성적 올리는 거 원하지도 않고, 학습 태도 좋아지는 거 원하지도 않습니다. 그냥 태민이와 함께만 있어 주세요."

수학 선생님은 엄마의 이런 말이 처음에는 이해가 되지 않았다. 몇 번에 걸친 애원 어린 부탁을 저버릴 수 없던 수학 선생님은 우선 몇 달만 맡겠다고 했다. 그렇게 다시 태민이와 수학 선생님은 함께 시간을 보냈다. 3개월이 흐르는 동안에도 태민이는 하나도 변하지 않았다. 수학 선생님은 미안했는지 이번에도 그만두겠다고 했다. 좋은 선생님을 찾아보라고 했다. 그러자 엄마는 지난번처럼 이렇게 얘기했다.

"선생님, 누차 말씀드렸듯이 다른 것은 원하지 않습니다. 그저 태민이와 함께만 있어 주시면 됩니다. 제발 부탁입니다."

수학 선생님은 몇 번에 걸쳐 그만두겠다고 했지만 엄마의 진심 어린 부탁을 이번에도 거절할 수 없었다. 또다시 태민이와 수학 선생님은 공부를 시작했다. 그 과정에서 수학 선생님은 태민이와 정이 들었다. 태민이를 살피기 시작했다. 정서, 학습 태도, 행동 등 전에는 보이지 않던 태민이의 모습을 세심히 관찰했다. 일단 태민이는 말없이 조용하고 시키는 공부는 두말없이 하려고 했다. 똑똑한 것과는 거리가 멀었지만 공부를 거부하거나 산만하지는 않았다.

선생님은 두뇌 관련 책을 읽기 시작했다. 무엇에 문제가 있는 것인지 관련 서적을 뒤져 보고, 온라인에 질문도 해 보고, 두뇌클리닉을 찾아 문의도 해 보았다. 그동안 태민이에 대해서 소극적이던 태도가 적극적으로 바뀌었다. 그렇게 해서 공부 방법을 바꾸었다.

수학 공부가 아닌 게임이나 놀이로 학습 방법을 바꿨다. 태민이 연령에 상관없이 커리큘럼을 바꾸고 수준을 확 낮추었다. 숙제를 안 했다고 혼내지도 않았다. 나중에는 숙제 자체를 내주지 않았다.

그렇게 2년이 흘러 태민이가 5학년이 되었지만 태민이의 변화된 모습은 찾아볼 수가 없었다. 그래도 수학 선생님은 태민이와 공부하고 놀아 주고 즐겁게 하루하루를 보냈다. 엄마도 그런 수학 선생님을 적극적으로 지원해 주었다. 그렇게 또 다시 1년을 보내고 태민이가 6학년 겨울방학이 되었을 때 변화가 찾아왔다. 태민이에게 놀라운 변화가 시작되었다.

태민이에게 어떤 변화가 찾아왔는지 태민이 입장에서 서술해 보겠다. 태민이가 아침을 먹고 집을 나와 학교로 걸어가고 있었다. 그런데 불현듯, 어제 배웠던 과학 수업 내용이 떠올랐다.

'온도가 생물의 생활에 미치는 영향이었지. 물의 온도에 따른 금붕어의 호흡수를 알아보는 내용도 있었는데…….'

사막여우와 북극여우의 그림도 떠올랐다.

'그중에서 선생님이 강조한 게 뭐였어라. 맞아. 금붕어의 호흡수는 여름에 많아지고 겨울에 적어진다고 했어.'

길 가다가 수업 내용이 이렇게 자세하게 생각나는 경험은 처음이었다. 태민이 스스로 생각해도 신기한 현상이었다. 이날 이후로 이런 현상이 수시로 일어났다. 밥을 먹다가도, 텔레비전을 보다가도 공부 내용이 생각나곤 했다. 국어든, 수학이든, 사회든, 과학이든 가리지 않고 떠올랐다.

'아, 맞아. 선생님이 공부를 잘하게 되면 이런 현상이 일어난다고 했어.'

태민이는 선생님의 말이 기억났다.

이것뿐만이 아니었다. 1교시 국어 수업 시간이었다.

선생님이 수업을 시작하는데, 집중해야겠다고 마음을 강하게 먹었다. 그랬더니 선생님이 말하는 소리가 귀에 쏙쏙 들어왔다. 선생님이 중요하다고 말하는 부분에 연필을 들어 별표도 표시했다. 집중해서 칠판을 보았다. 칠판 왼쪽 끝에서 오른쪽 끝까지 눈에 다 들어왔다.

'아, 이런 거였구나.'

태민이는 날이 갈수록 공부에 자신감이 생겼다. 집중력도 좋아져서 제시간에 끝내는 날이 많아졌다. 그러더니 중학교 1학년 첫 시험에서 중간 성적을 받았다. 2학기에는 성적이 더 오르더니 2학년 1학기가 되서는 1등을 거머쥐었다. 진정한 승자가 된 것이다. 그 누구도 예상하지 못한 결과였다. 태민이를 아는 그 누구도 이 현실을 믿지 못했다. 기적 같은 일이었다.

이러한 결과는 결코 아들을 포기하지 않았던 엄마의 지혜로운 사랑과 믿음이 바탕이 된 것이다. 거기다가 태민이 공부에 대한 수학 선생님의 새로운 접근 방법이 도움이 되었다. 공부가 아닌 놀이와 감성을 자극하는 다양한 경험과 체험 활동이 큰 성과를 만든 것이다. 결국 엄마의 믿음과 선생님의 체계적인 교육이 태민이의 의지에 변화를 가져오게 만든 것이다. 태민이는 지는 아이가 항상 지는 아이로 남지 않는다는 사례의 표본이었다.

공부 의지력이 강한 아이와 공부 욕심이 강한 엄마

"만일 당신이 어린 시절로 돌아가면 다섯 가지 능력 중 무엇을 선택하겠습니까?"

앞에서 위 질문을 했을 때 공부 능력을 선택한 엄마가 있었음을 밝혔다. 엄마는 어린 시절에 공부를 안 했으니, 지금 하면 열심히 잘할 수 있다는 생각이 든 거다. 후회의 심정이면서 의지가 담긴 표현이다. 나도 하면 잘할 수 있다는 강한 의지력의 소산이다. 이 마음이 있어야 공부를 잘할 수 있다. 아이에게도 이 마음이 있어야 발동이 걸린다. 아이에게 이런 마음조차 없는데 아무리 '공부해라, 공부해라', 하면 그것은 잔소리일 뿐이다.

스탠퍼드대학의 심리학자 캐럴 드웩 교수는 끈기 즉 의지력을 키우기 위해서는 마음가짐이 중요하다고 강조했다. 내게 필요한 능력은 노력해서 실력을 키울 수 있다는 마음가짐이다. 이 마음가짐이 동기가 되어서 공부를 잘할 수 있게 된다. 노력이 중요하다는 메시지를 부모와 교사에게서 자주 들으면서 자란 아이가 의지력도 강해지고 성적도 좋아진다.

'내가 정말 멋진 아이구나. 난 다른 것도 잘할 수 있어.'

아이가 이런 마음이 들게끔 부모가 노력해야 한다.

원래 인간의 본성에는 아이나 어른이나 할 것 없이 현재보다 잘하고 싶은 욕망이 있다. 공부든 돈 벌기든 남이 잘하고 잘 벌면 자기도 그렇게 되고 싶어 한다. 하고자 하는 마음이 없으면 더는 진전이 없다. 어른도 돈을 많이 벌고 싶어 한다. 옆집 엄마가 빵집을 해서 대박을 터뜨리면 동네 엄마는 모두 빵 장사를 해야 한다, 그런데 그렇게 하지 않는다.

아이의 경우도 마찬가지다. 옆에 앉은 친구가 공부를 잘한다. 공부를 잘하면 어떤 결과가 찾아오는지 안다면 공부를 열심히 해야 맞다. 하지만 아이는 의지를 내지 않는다. 같은 이치다. 어른이 가지고 있는 기질, 의지, 능력이 다른 것처럼 아이도 마찬가지다.

꽃도 똑같이 햇볕을 쬐고 물을 주어도 자라는 크기가 제각각이다. 모든 아이가 공부를 잘할 수는 없다. 학교 공부를 시작하면서 두각을 나타내 앞서 가는 아이가 있고 뒤처지는 아이가 있기 마련이다. 어른도 직장에서 신입 사원 시절부터 업무 능력을 인정받아 승승장구하는 사람이 있고 뒤처지는 사람이 있는 것과 같다. 승자효과를 무시하지 못한다.

욕심이 과한 엄마와 공부 의지력이 약한 아이가 만나면 어떻게 될까? 부딪침이 많을 수밖에 없다. 공부에 관심이 없는 아이를, 그 아이가 싫어하는 공부로 계속해서 밀어붙인다. 의지력을 키워 줄 생각은 안 하고 무조건 학원으로, 과외로 몰아넣는다. 엄마가 욕심 부리는 것을 멈추지 않으면 결과는 비참하다.

의지력이 강한 아이와 욕심이 강한 엄마가 만나면 아이가 공부를 상당히 잘할 수 있다. 이런 만남은 소수이고 아이의 인성, 재능 등 전체적인 성장 과정과는 별개의 문제다. 이것을 이해하기 쉽게 표로 만들어 보았다.

	공부 의지력이 강한 아이	공부 의지력이 약한 아이
공부 욕심이 강한 엄마	인성과는 별개로 공부를 특출나게 잘할 수 있다.	과정도 힘들고 결과도 비참하다
공부 욕심을 절제하는 엄마	스스로 공부하는 힘을 길러 뛰어난 성과를 올릴 수 있다.	성인 이후에 두각을 나타내는 경우가 종종 있다.

원래는 적극적인 아이인데 엄마의 욕심이 과해 시간이 갈수록 적극성을 상실하는 아이도 있다. 가만히 놔뒀으면 제대로 클 수 있는 아이였는데 말이다.

공부에 소극적이고 무관심한 아이였지만 부모의 정성과 사랑이 아이를 뒤늦게 적극적으로 만드는 경우도 있다. 이런 아이는 중학교나 고등학교 가서 두각을 나타낸다. 때에 따라서는 성인이 되어서 능력을 발현하는 경우도 있다. 이런 결과를 우리는 기적이라 부른다. 시간이 약이라는 속담을 간과해서는 안 된다. 아이마다 능력이 다르기 때문에 때도 다른 법이다.

그렇다면 아이의 공부 의지력을 어떻게 키울 수 있을까?

어떤 문제를 해결하는 데는 늘 두 가지 방법이 있다. 직접적 방법과 간접적 방법이다. 공부하기 싫어하는 아이, 공부 못하는 아이를 무조건 공부로 밀어붙이는 게 직접적인 방법이다. 공부하라는 잔소리와 함께 여러 학원에 보내거나 과외 선생에게 맡기는 경우다. 이런 경우는 거의 실패한다. 이런 아이에게는 간접적 방법을 활용해야 한다. 공부 안 한다고 미리 걱정하지 말고 기다려 주자. 공부 대신 아이가 잘하는 것에 초점을 맞추자. 거기에 초점을 맞추면서 정신적 동기 부여와 물질적 보상을 함께 해 가면 된다.

공부에는 관심이 없지만 인성이 좋은 아이가 있다고 하자. 인사도 잘하고 성격도 밝은 아이다. 책 읽기를 좋아하거나 운동을 좋아하는 아이도 있다. 음악에 즐거움을 느끼는 아이도 있다. 정해 놓은 규칙을 잘 지키는 아이도 있다. 아이가 가진 장점, 강점을 칭찬해 주고 거기에 따른 보상을 해 주면 된다.

책상과 침대를 정리하거나, 분리수거를 하거나, 약속을 잘 지키거나, 다른 사람에게 친절을 베풀거나, 30분간 독서를 하거나, 20분간 줄넘기를 하거나. 준비물을 잘 챙기거나 하면 정신적으로 물질적으로 일정한 보상을 해 준다. 이런 보상은 의지력과 학습 능력을 높이는 데 효과가 있다.

아이의 공부 목표를 달성하는 구체적인 방법

이제 목표에 관한 얘기다. 아이에게 목표의 중요성을 심어 주어야 한다. 아이가 목표를 정하고 실행할 때 엄마는 주의할 것이 있다. 줄넘기로 예를 들어 보겠다. 아이가 매일 한 시간씩 규칙적으로 줄넘기를 하려면 며칠 하지 못하고 포기한다. 지속적으로 하려면 자신이 할 수 있는 만큼의 절반, 즉 20분이나 30분씩 목표를 정해야 한다.

하지만 며칠 하면 이 또한 지겨워진다. 그러면 어떻게 해야 할까? 게임 요소를 추가한다. 예를 들면, 친구와 함께하거나, 몇 번 했는지 기록을 재서 성취감을 높이거나, 다양하게 동작을 바꾸어 해 보거나 해서 게임 요소가 들어가야 줄넘기가 지속된다.

이것도 시간이 지나면 지겨워진다. 지루하지 않은 또 다른 방법을 찾아야 한다. 자신의 몸이 튼튼해지는 상상이나 다른 달콤한 상상으로 달랜다. 여기까지 포기하지 않고 해 왔다면 몸은 놀랄 만한 반응을 보이기 시작한다. 신체가 드디어 모르핀을 보내기 시작하여 러너스 하이(runners' high, 30분 이상 달릴 때 얻어지는 도취감) 효과가 나타난다.

이후에는 일정 분기점이 지났기 때문에 스스로 중단해야지 하는 마음을 먹어도 잘 중단할 수 없는 지속성이 유지된다. 즉 신체가 원하는 상태가 된 것이다. 운동이든 음악이든 미술이든 마찬가지다. 악기를 연주할 때 일정 훈련을 반복하면 연주가 잘되어 기분이 좋아지고 더 하고자 하는 욕심이 생길 때가 온다. 공부도 러너스 하이 효과와 같다. 러너스 하이 효과가 나타나기까지는 체계적으로 교육할 수 있는 코치와 본인의 노력이 따라야 한다.

따라서 아이를 교육할 때도 목표 달성의 기쁨을 주는 게 중요하다. 처음부터 무리한 목표는 금물이다, 손쉽게 달성할 수 있는 목표를 이루면 그 다음 목표도 수월해진다. 아이에게 작은 승리의 기쁨부터 맛보게 하자. 목표할 수 있는 능력의 절반부터 시작해야 한다. 그래야 오래간다. 의지력이 낮은 아이는 능력의 절반의 절반으로 줄여 목표를 정하자. 아니면 최소의 목표를 정해 놓고 성취감을 맛보고 다시 목표를 정하기를 반복하면 된다.

아이에 따라서 하루에 영어 한 문장 외우기, 수학 한 문제 풀기, 책 한 페이지 읽기가 오늘의 목표가 될 수도 있다. 영어 한 문장 외우기를 목표로 했는데, 욕심 내어 두 문장을 외울 수도 있다. 이때는 목표를 초과 달성했다는 기쁨이 몰려온다. 아이의 성취감에도 도움이 된다. 이런 식으로 며칠 하고 난 뒤에 목표를 조금씩 높여서 정하면 된다. 노력의 결과를 직접적으로 느낀 학생과 그렇지 않은 학생의 차이는 크다. 엄마는 그것을 느끼도록 준비하고 정성을 들이면 된다. 앞서 말했듯이 똑같이 애만 쓰고 결과는 미약한 그런 교육은 하지 말자.

목표에 관한 중요한 또 다른 Tip이 있다. 목표를 세울 때 이번에는 '수학을 100점 맞겠다.' '이번 시험의 평균은 95점이다.' 이렇게 세우면 이것이 달성 안 됐을 때의 실망과 슬럼프를 감당하기 힘들다. 한 가지 목표가 아니라 세 가지 목표를 세우게 한다. 제3의 목표까지 세우는 것이다. 다음과 같은 방법으로 세우는 것이 좋다.

1. 기말고사 목표는 평균 95점이다.

2. 이것이 힘들면 93점이다.

3. 이것도 힘들면 과학을 85점에서 95점으로 올린다. 2의 목표를 달성했으면 다음에 1의 목표를 달성하면 된다. 3의 목표만 달성했다면 다음 시험에서 2의 목표로 새롭게 수정하면 된다.

순서가 잘못된 맹모삼천지교

- 공부만 잘하는 아이라는 소리를 듣게 하지 말자

엄마는 아이가 공부 잘하기를 바라면서도 공부만 잘하는 아이로 키우고 싶어 하지 않는다. 공부를 잘하면서도 올바른 인성을 갖춘 아이로 자라기를 바란다. 우리 사회에서 공부로만 성공해서 올라간 사람들의 부정적인 결과를 종종 목격했기 때문일까. 엄마는 아이가 공부 외에 재능도, 독서도, 규칙적인 습관도 갖추기를 바란다.

공부를 하면서 이러한 능력을 모두 갖출 수는 없을까? 아이는 다양한 과목을 공부하면서 지식을 쌓아 나간다. 아이가 배우는 학문은 인성, 재능, 습관, 독서와 연결되어 있다. 따라서 정상적인 교육을 받는다면 학교 공부를 통해 다른 능력도 충분히 몸에 배게 할 수 있다.

이것이 힘든 이유는 제대로 기능하지 못하는 공교육, 과도한 사교육, 엄마의 지나친 욕심이 중첩된 결과다. 공교육의 문제는 엄마 개개인이 어떻게 할 수 없는 일이다. 사교육은 거기에 너무 의존하지 말고 필요할 때마다 적절히 활용하면 된다. 문제는 엄마가 아이를 교육하는 태도다. 엄마의 교육 철학이 어떠냐에 따라 아이는 다르게 성장한다.

다음은 여중생이 사춘기 때 겪은 독특한 사례다. 아이 변화에 부모의 태도가 깊이 관련 있다. 혜진이는 중학교 1학년 때까지 최우수 학생이었다. 어린 시절의 혜진이는 명랑하고, 예의 바르고, 자립심이 강한 아이였다. 혜진이의 부모가 혜진이를 키우면서 무엇을 강요하는 법 없이 스스로 생각하고 행동할 수 있도록 키웠기 때문이다. 공부하라는 잔소리는 한 번도 하지 않았다. 스킨십을 많이 해 주면서 함께 놀아 주었다. 그렇게 초등학교와 중학교 1학년 시절을 보내고 혜진이의 변화는 2학년을 맞아하던 어느 봄날에 찾아왔다. 학교 수업을 듣고 있는데, 따뜻한 햇살이 유리창을 통해 교실로 퍼져 오면서 혜진이는 몸과 마음이 노곤해졌다.

혜진이는 이날 이후 무기력감에 빠졌다. 만사가 귀찮아지고 공부도 하기 싫어졌다. 잠이 많아지고 식욕은 저하되었다. 가장 걱정이 앞선 사람은 부모였다. 딸의 갑작스러운 변화에 어떻게 대처할 줄 몰랐다. 학교 선생님과 상담도 해 보고 병원에도 가 보았지만 뾰족한 수가 없었다. 건강에는 이상이 없기 때문이다. 사춘기를 겪으면서 지나가는 좀 특별한 경우라는 설명이 전부였다.

엄마, 아빠는 대화 끝에 딸을 기다려 주기로 했다 성적이 떨어져도 나무라지 않았다. 한정 없이 잠을 자면 억지로 깨우지 않았다. 딸이 다시 세자리로 돌아올 거라 믿어 주고 예전처럼 웃으며 격려해 주었다. 성적이 급락하면서 학교에서는 혜진이가 다시 전교 1등을 차지하기는 힘들 거라고 했다.

그렇게 1년 가까이 무기력하게 지내던 어느 날이었다. 혜진이가 꽃집 앞을 지나가다 멈추었다. 꽃집 앞에는 많은 꽃이 자신을 뽐내고 있었다. 혜진이의 눈에는 그것이 새롭고 신기해 보였다. 줄기가 긴 꽃, 줄기가 두꺼운 꽃, 잎이 큰 꽃, 잎이 작은 꽃, 분홍 꽃, 노란 꽃 등 똑같은 꽃이 하나도 없었다. 꽃도 크기와 모양, 색깔이 다르지만 각각의 아름다움이 있는데, '나는 왜 이렇게 사는 거지?' 하는 물음이 올라왔다. 내가 왜 이러지? 내가 누구지? 하는 생각이 계속 올라왔다. 이날 이후, 혜진이의 생각과 태도가 달라졌다. 예전의 혜진이의 모습으로 돌아왔다. 더 밝고 긍정적이게, 공부하는 이유도 새삼 깨달았다. 예전보다 더 열심히 공부했다. 친구들의 생각을 뒤집고 혜진이는 다시 전교 1등을 차지했다.

혜진이가 다시 돌아올 수 있었던 힘은 부모의 변함없는 따뜻한 믿음이었다. 그런 힘으로 혜진이는 사춘기의 특별한 현상을 잘 넘기고, 더 새로워진 모습으로 돌아올 수 있었다. 이기는 아이 뒤에는 변함없이 이기는 부모가 있음을 알게 해 준 또 다른 사례였다.

아이 교육에 있어 열혈 어머니 한 분을 소개하면서 공부 능력 편을 마무리하고자 한다. 아마도 동양에서는 이 분이 원조가 아닐까 하는데 누구일까? 짐작한 대로 맹자 어머니다.

아이 교육을 얘기할 때 대표적으로 거론되고, 《열녀전》에 기록된 '맹모삼천지교'의 내용을 모르는 사람이 없을 정도다. 맹자를 교육하기 위해 세 번 이사했다는 얘기는 삼척동자도 안다. 교육에서 환경이 얼마나 중요한지를 알려 주는 이야기다. 처음에는 무덤가에서, 아니다 싶어 그 다음에는 시장으로, 여기도 아니다 싶어 학교 근처로 이사한다는 얘기다. 사람들은 맹자 어머니가 아들 공부를 위해 결국 제대로 이사를 했다고 생각한다. 혹자는 첫 번째와 두 번째는 세 번째를 찾기 위한 불필요한 시간 낭비라고 생각하기도 한다.

맹모삼천지교를 달리 해석하는 사람이 있다. 이들은 맹자의 장래를 생각하는 어머니의 위대한 철학이 담겨 있다고 주장한다. 우리가 상식적으로 알고 있는 '맹모삼천지교'와는 다른 해석이다. '흥부와 놀부', '토끼와 거북이', '개미와 배짱이'가 다르게 해석되듯이 말이다. 이러한 주장의 내용을 구체적으로 살펴보면 다음과 같다.

맹자 어머니는 맹자가 인생을 살면서 가장 깊이 깨달아야 할 것이 삶과 죽음이라고 생각했다. 그래서 처음에 무덤가 옆에서 아들을 키웠다. 삶과 죽음이란 생사관을 말한다. 생사관이라는 말이 다소 낯설게 느껴지는가? 쉽게 말하면 삶과 죽음에 관한 생각이다.

삶과 죽음에 관한 생각은 사람이 성장해 가면서 차이를 가진다. 인간은 태어나서 모두 죽는다. 어떻게 살고 어떻게 죽느냐가 중요하다. 맹자 어머니는 맹자가 삶과 죽음에 관한 가치관을 명확히 하며 살기를 바랐다. 무엇보다 사는 동안에 인간다운 삶을 살아야 한다는 것을 가르쳐 주고 싶었다. 이것이 무덤가 옆에서 산 이유다.

두 번째는 시장 근처로 이사를 한다. 하필 왜 시장 근처로 이사했을까? 시장이 어떤 곳인까? 물건을 사고파는 곳이다. 즉 돈(화폐)이 거래되는 곳이다. 맹자 어머니는 맹자에게 경제 관념을 심어 주고 싶었다. 인간 생활에서 삶과 죽음 다음에 중요한 것이 경제생활이라고 해도 과언이 아니다. 돈이 있어야 살아갈 수 있다. 맹자 어머니는 맹자에게 먹고 살아가는 문제, 즉 경제생활의 중요성을 일깨워 주고 싶었다.

이렇게 경제관념의 중요성을 깨달은 다음에 세 번째로 이사 간 곳이 서당 근처다. 공부가 세 번째라는 이야기다. 생사관, 경제관념이 우선이고 그다음에 공부를 해도 늦지 않는다는 말이다. 공부에 집착하지 말자는 얘기다.

맹자 어머니는 맹자가 어떻게 살아야 하는지 알려 주고 싶었다. 또한 다양한 경험과 체험을 통해 맹자가 하고 싶은 일을 찾게 해 주고 싶었다.

맹자 어머니의 교훈을 알았다면 공부를 위해 학원으로만 아이를 밀어 넣지 말자. 종교 체험, 직업 체험, 경제관념, 독서를 통한 철학, 역사를 올바로 이해할 수 있도록 다양한 경험을 시켜야 한다. 그래야 아이가 올바른 삶을 살고 자신의 진로를 찾고 결정하는 데 시간을 낭비하지 않는다. 이것이 맹모삼천지교를 달리 해석하는 사람의 주장이다.

맹모삼천지교의 독특한 해석에 수긍이 가고 일리가 있음을 인정한다. 거기에 덧붙여 나는 맹모삼천지교의 이사 순서를 거꾸로 해야 맞다고 말하고 싶다. 학교 → 시장 → 무덤가로 이사를 하면 어떠할까? 공부가 먼저다. 공부 환경을 만들어 주어야 한다. 물론 유아기부터 억지로 공부시키자는 말이 아니다. 학생으로 12년을 살기 때문에 공교육이 끝나는 고등학교 졸업 전까지 학교 교육에 충실해야 한다는 얘기다. 그런 다음에 대학에 입학하거나 직업을 가지거나 20대부터 50대까지 경제 활동에 충실해야 한다. 60이 넘어가면서 삶과 죽음, 즉 생사관을 깊이 고민해도 늦지 않다.

만일 열 살 이전에 생사관, 경제관념, 학교 공부 세 가지 모두 깊이 있게 배울 수 있다면 더할 나위 없이 좋을 것이다. 하지만 그것은 불가능에 가깝다. 경제관념이나 삶과 죽음에 관한 철학은 공부하면서 기본적인 것만 이해하거나 실천하면 된다. 아이가 당장 장사할 것도 아니고 철학자가 될 것도 아니기 때문이다. 경제관념이나 생사관을 12년 동안 가르칠 수는 없다. 인성, 재능, 독서, 규칙적인 습관도 마찬가지다. 아이들은 대학 입학 전까지 공부해야 하는 학생으로 자그마치 12년을 산다. 학교 공부를 통해 경제관념도, 생사관도, 인성도, 재능도, 독서도, 규칙적인 생활도 배워 가야 한다. 이것이 공부 잘하는 능력을 선택해야 하는 이유다.

그러기 위해서 일찍부터 공부 환경을 제대로 만들어 주어야 한다. 이것이 부모의 역할이다. 아이가 목표를 위해 뛸 수 있게 부모는 부모로서의 역할에 충실하면 된다. 일찍부터 공부 환경을 만들어 주어야 한다는 의미를 요즘 유행하는 조기 교육을 말한다고 오해하면 안 된다. 공부 능력을 강조한다고 이렇게 아이를 키우면 도리어 아이를 망친다, 공부 환경이라는 말 속에는 네 가지 능력, 즉 인성, 재능, 규칙, 독서가 모두 포함되어 있다. 이러한 능력을 아이가 골고루 섭취할 수 있도록 해야 한다는 의미다.

제2장

독서 신공으로 키우고 싶다

- 독서 4위

메디치 효과

- 아이의 생각을 어떻게 확장할 수 있을까?

독서를 통해 세 방면으로 성장한다

왕이 있었다. 한 여인이 왕의 마음을 얻기 위해 노력했지만 왕은 거들떠보지도 않았다. 이 여인은 몇 년 동안 외국에 나가서 책만 읽고 다시 돌아왔다. 그런데 그녀를 본 왕의 태도가 갑자기 달라졌다. 왕이 그녀에게 청혼을 했고, 그녀는 정식으로 왕비가 되었다. 예전에는 쳐다보지도 않았는데 말이다. 왜 그랬을까? 왕이 그녀의 지성에 반했기 때문이다. 책의 힘을 보여 주는 고전적인 이야기다.

책을 읽으면 사람이 정말 달라질까? 사람들은 책을 읽으면 똑똑해진다고 믿는다. 독서는 이런 기대감을 가지기에 충분하다. 책을 많이 읽은 아이가 상상력이 풍부하고 재치가 있고 어휘력도 좋다는 점을 부정할 사람은 없다. 그렇기 때문에 아이에게 책을 읽힌다. 생각이 바뀌고 행동이 달라진다는 믿음 때문에 책이 만들어진 이래로 지금까지 독서를 강조하고 있다. 그렇다고 아이가 책 몇 권을 읽고 당장 눈에 띄게 달라질 거라고 믿는 성급한 엄마는 되지 말자. 공부와 마찬가지로 아이의 책 읽기에 엄마의 어떤 욕심이 개입하는 순간이 아이가 책을 멀리하는 시점이 되기도 한다. 누군가가 그냥 좋아서 사랑하는 것처럼 아이의 책 읽기는 그냥 책이 좋아서 읽는 그 이상도 그 이하도 아니어야 한다.

논어에 '이 책을 읽고 나서도 이 사람이고 이 책을 읽기 전에도 이 사람이라면 책을 읽지 않은 만 못하다.'라는 말이 있다. 한 권을 읽고도 변하는 사람이 있는 반면에 백 권 천 권을 넘게 읽어도 안 변하는 사람이 있다. 따라서 아이들에게 책을 무조건 많이 읽혀야 한다는 강박에 빠질 필요는 없다. 이것이 독서를 제대로 해 보지 않은 엄마가 저지르는 대표적인 실수다. 아이 상태도 안 봐 가면서 이 책, 저 책 읽으라고 강요해서는 안 된다.

책 읽기를 유난히 좋아하는 아이도 있지만 싫어하는 아이도 있다. 독서에 어떤 절대적인 의무감이란 없다. 아이에게 책 읽는 태도를 길러 주는 게 중요한 것이지, 얼마나 많이 읽느냐 하는 양의 문제가 중요한 것이 아니다. 엄마가 생각하는 유익한 책보다는 아이가 관심 있어 하는 책부터 읽게 해야 한다. 그래야 책이 책을 부른다는 말을 실감할 수 있다.

연구에 의하면 스스로 책을 선택할 수 있는 아이는 엄마가 읽으라는 책만 읽은 아이보다 정보를 빠르고 효과적으로 찾았다. 저명한 교육심리학자 존 거스리는 독서 효과를 연구하던 중에 아이가 스스로 선택한 책을 읽으면, 읽기 동기와 몰입을 높여 준다는 사실을 알아 냈다.

요즘 엄마들 모임에서 조기 교육, 적기 교육이라는 말이 등장한다. 조기 교육이 중요하다는 주장부터 조기 교육이 나중에 투기 교육이 된다는 얘기가 오고 간다. 조기 교육보다는 적기 교육이 중요하다는 얘기로 마무리짓는다. 그럼에도 불구하고 안타까운 점은, 아이 상태를 고려하지 않고 독서에서도 무조건 조기 교육을 시키는 엄마가 있다는 사실이다.

아이는 책을 통해 세 방면으로 성장할 수 있다.

첫 번째는 지식적인 측면이다. 아이는 책을 통해 기본적인, 나아가서 폭넓고 구체적인 지식을 쌓아 간다. 책을 읽을수록 정신이 깨어가고 단단해진다. 중심이 생긴다. 유·아동 때는 그림책을 주로 보다가 1 2학년은 이야기책을 주로 읽는다. 3학년에 올라가면서 점차 지식 정보책을 접하게 된다. 그러다가 초등학교 5학년이 되면 사실상 상당한 양의 수준 있는 지식과 정보를 읽고 받아들인다. 엄마가 봐도 생소하고 이해하기 어려운 내용이 곳곳에 등장한다. 학교 교과 과정도 이런 식으로 편재되어 있다.

그렇다고 독서와 공부를 연계해서 생각하면 거기에서 문제가 발생한다. 책 읽기가 공부를 잘하게 하는 효과가 있다고 단정해서는 안 된다. 아이가 고학년으로 올라갈수록 공부와 독서를 연관 짓는 엄마가 있다. 독서를 학교 공부에 도움이 되기 위한 방편으로 생각해서는 안 된다. 책 읽기도 잘하고 공부도 잘하면 좋지만, 책 읽기는 좋아하지만 공부는 못할 수도 있다. 책 읽기는 책 읽기고 공부는 공부다.

엄마가 원하는 것이냐 아이가 할 수 있는 것이냐를 놓고 볼 때, 엄마 자신이 원하는 것을 선택하는 이기적인 엄마는 되지 말자. 나는 아직도 "내가 너라면 이렇게 할 거야."라고 말하는 엄마가 있다는 사실이 안타까울 따름이다. 이런 엄마는 시간이 한참 흐르고 나서야 자신의 잘못을 깨닫는다. 시간은 결코 되돌릴 수 없다는 사실을 그때 알았더라면 좋았을 것을, 후회해 봐야 소용없는 일이다.

두 번째는 사랑을 깨닫고 행복을 알아 가는 인격적인 부분이다. 책 읽기는 정서를 안정되게 하고, 감정을 풍부하게 하고, 공감 능력을 기를 수 있게 한다. 공부만 한 사람은 어디인가 모르게 답답하다. 영국 서섹스대학에서는 스트레스를 줄이는 활동 중 1위가 독서라고 연구 결과를 발표하였다. 독서가 정서적, 심리적 안정에 상당한 효과가 있다는 결과다. 독서를 많이 하면 기쁨, 슬픔의 감정을 비롯해서 상대를 이해하는 공감 능력이 높아진다. 이것은 아이가 가정과 학교 나아가서 사회적 관계를 형성하는데 중요한 토대가 된다. 당당한 삶을 살게 된다.

앞에서도 얘기했지만 단지 몇 권의 책을 읽고 지금 당장 아이의 행복이 몇 배로 증가한다고 확신하기는 힘들다. 하지만 책을 통해서 다른 다양한 형태의 행복을 맛볼 수는 있다. 이런 부분을 엄마가 먼저 깨닫고 있어야 아이의 마음을 울리는 전달을 할 수 있다. 책 읽기는 물질적으로 풍요로움을 추구하려는 목적이 아니라 정신적으로 풍요롭게 살기 위해 읽어야 한다. 책은 넓고 깊은 지혜를 준다. 다른 사람보다 더 높이 올라가기 위해 읽는 것이 아니라, 욕심만 추구하는 이기심에서 자유롭기 위해 읽어야 한다. 행복한 삶을 위한 과정이어야 한다.

세 번째는 창조성의 발현이다. 이번 주제의 핵심적인 내용이자, 독서 활동이 궁극적으로 추구하는 방향이기도 하다. 아이가 독서를 하면서 지식으로만 남지 않고, 생각하기를 즐겨하고, 생각하기를 통해 창의성을 발휘할 수 있도록 해야 한다. 생각도 훈련하면 할수록 고급스러워진다. 아이 혼자하기가 어려우니 엄마의 역할이 중요하다.

다양한 분야의 책을 읽게 하라

생각하기의 중요성에 관해서 조금 더 얘기를 해 보자. 영국의 철학자 프랜시스 베이컨은 책의 내용을 그대로 믿거나 받아들이기 위한 독서는 하지 말라고 했다. 다른 사람의 의견에 반대하기 위해 지식을 쌓는 독서도 하지 말라고 했다. 또한 토론의 밑천을 마련하기 위한 독서도 하지 말라고 했다. 그러면 어떻게 하란 말인가? 자기의 생각과 판단에 따라 일을 처리할 수 있는 재량을 쌓고, 어떤 것을 깊이 생각하고 연구하기 위해서 독서를 하라는 것이다. 생각 즉 사고(Thinking)의 중요성을 강조한 말이다. 이 얼마나 마음에 와 닿는 말인가?

책 읽기를 통한 창의성 발현이란 무엇인가? 아이가 관심 있는 책을 읽고, 생각하는 독서의 의미를 이해한 다음에는 다양한 책을 접할 수 있게 해 주어야 한다. 그렇다고 편독이 아이에게 나쁘거나 해롭다는 얘기가 아니다. 이야기책을 읽어도 사회, 과학 내용이 나올 수 있고, 역사책을 읽어도 문화, 예술, 도덕 내용이 등장할 수 있다. 아이가 어느 한 분야의 책만 읽는다고 하여 크게 걱정할 일은 아니다. 서서히 다른 분야로 유도하면 된다.

독서도 유행을 탈까? 독서에도 시대에 맞는 트렌드(trend)가 있을까? 자동차가 나오는 시절에 말 타는 전문가가 되겠다고 고집을 부려서는 발전이 있을 수 없다. 옷도 시대마다 패션이 다르다. 책도 마찬가지다. 몇 년 전부터 인문학 열풍이 분 것처럼, 자기 계발서가 유행하던 시대가 있었고, 재테크가 사람들의 이목을 집중시키던 때가 있었다. 욜로, 명상, 비움, 미니멀리즘 관련 책들이 유행하던 시절도 있었다.

독서 교육을 커다란 역사 줄기에서 본다면, 곧 다가올 AI 시대를 맞이하여 아이의 사고력과 창의성이 발현될 수 있도록 독서 교육을 해야 한다. 그러기 위해서는 다양한 분야의 책을 접하게 해야 한다. 15세기 식 통합의 독서가 필요하다. 아이의 독서 상태를 봐가면서 천천히 아이의 관심 분야를 넓혀 주자.

같은 책 여러 번 읽어 주기와 다양한 책 읽어 주기 중 어느 것이 아이에게 도움이 될까? 연구에 의하면 다양한 책 읽어 주기가 좋다는 결과가 나왔다. 아이는 다양한 책 읽기를 통해 각 분야의 독특한 표현 방식, 새로운 상상을 접할 기회를 가질 수 있다.

'전문가의 저주'라는 말이 있다. 축구 황제 펠레가 축구 경기를 예측하면 그 결과가 자주 빗나가서 펠레의 예측을 '펠레의 저주'라고 부른다. 여기서 유래한 말이다. 나아가서 '전문가의 저주'는 전문가의 경직성, 폐쇄성을 꼬집기도 한다. 지금까지는 한쪽 방면의 전문가가 대우를 받고, 그들의 말을 중시하고 신뢰하던 시대였다. 미래 사회에서도 한 분야의 전문적 지식이 필요한 영역이 분명히 있다. 하지만 세상이 과학 기술의 발전으로 급격히 변하면서, 20여 년 전부터 한쪽 방면에만 강한 전문가의 한계를 인식하고, 르네상스 시대의 폴리매스(polymath)에 주목하기 시작했다. 폴리매스란 지식이 넓고 아는 것이 많은 사람을 뜻한다. 대표적인 예가 15세기 인물인 레오나르도 다 빈치다. 그는 건축가이면서도, 수학, 철학, 천문학, 문학 등 타 분야에도 정통한 사람이다. 한 분야의 전문가가 되기도 쉽지 않은데 도대체 어떻게 여러 분야의 전문가가 될 수 있었는지 궁금하다. 미켈란젤로, 단테, 라파엘로, 마키아벨리, 보티첼리도 폴리매스라 할 수 있다. 근 · 현대에 와서는 카를 비테, 다윈, 니체, 프로이드, 아인슈타인 등을 예로 들 수 있다.

이러한 폴리매스가 15세기에 자신의 역량을 마음껏 펼치게 된 이유가 있다. 이러한 배후에는 열린 사고를 가진 가문이 존재했다. 이탈리아 피렌체에 기반을 둔 메디치 가문이었다. 메디치 가문은 가지고 있는 재력을 바탕으로 각계의 문화 예술가를 후원했다. 그 덕분에 예술가들이 피렌체로 모여들었고, 각기 다른 전공 분야를 가진 사람들의 교류가 시작되었다. 이 교류가 변화와 창조의 시작이었다.

피렌체는 조각가, 건축가, 화가, 금융가, 시인, 과학자, 철학자, 상인 등 다양한 사람들이 모여 창조의 중심지가 되었다. 이런 교류로 인해 우리가 잘 아는 르네상스를 꽃피우게 되는 것이다. 르네상스는 연관성이 없어 보이는 여러 문학을 깊이 있고 심도 있게 공부하는 시대였다. 다른 분야의 공통점을 발견하면서 심도 있는 지식을 습득할 수 있었다.

프란스 요한슨은 이렇게 각기 다른 분야가 만나는 지점을 '교차점'이라고 불렀다. 이러한 교차점에서 혁신적인 아이디어가 폭발적으로 증가하는 현상이 발생하는데 이것을 메디치효과(Medici effect)라고 했다. 한마디로 본질을 꿰뚫는 통찰력을 가지게 된다는 뜻이다.

메디치 가문은 각 분야의 전문가들이 만나는 무대를 제공했다. 각 분야의 전문가들이 교류하면서 지식의 흡수 속도와 깊이가 빨라졌고 그로 인해 르네상스 문화를 꽃피울 수 있었다. 15세기 이탈리아의 르네상스는 통합의 시대였다. 그 위로 몇 백 년 동안은 전문화의 시대였다. 다시 통합의 시대를 요구받은 것은 몇 십 년 되지 않는다.

아이 독서에서도 통합적인 환경을 조성해 주어야 한다. 다양한 책을 즐겨 읽는 아이, 편독이 심한 아이, 독서를 즐겨 하지 않는 아이를 구분해 가면서 조절해 주어야 한다. 다양한 분야의 책을 즐겨 읽는 아이라면 문제될 것은 없다.

편독이 심한 아이는 이렇게 해 보자. 당연한 얘기일 수 있지만, 과학책을 주로 읽는 아이라면 미술에도 관심을 가질 수 있도록 미술관이나, 기본적인 미술 관련 책을 읽도록 유도해 주자. 역사책에 빠져 있는 아이도 마찬가지다. 과학박물관 견학 등 과학 관련 책을 읽을 수 있도록 해 주자. 독서를 즐겨하지 않는 아이라면 그림책, 이야기책, 만화책으로 시작하면 된다. 엄마가 책 읽어 주기를 계속하는 것도 좋고, 한 장이라도 매일 읽기를 약속하는 것도 좋다.

분야를 넘나드는 다양한 책 읽기가 왜 좋을까? 어려서부터 이러한 지적 독서 환경이 조성될 경우, 통찰의 눈을 뜰 수 있다. 뛰어난 관찰력이 생기고 사물을 꿰뚫어 보는 힘이 갖추어진다. 이것이 독서의 힘이다. 문과와 이과를 넘나들며 독서를 해야 하는 이유이기도 하다.

궁극적으로는 아이의 재량, 고찰, 인격을 위해 편식하지 않는 독서를 해야 한다. 생선이 몸통, 꼬리, 눈, 머리 등 내버릴 게 없이 다 먹듯 말이다. 이것이 엄마가 해 주어야 할 몫이다. 엄마가 책을 읽고, 도서관을 이용하고, 아이의 독서 수준을 제대로 파악해야 한다. 가장 잘할 수 있는 사람이 엄마다. 시간이 없다고, 바쁘다는 말은 핑계다. 엄마로서 자격이 부족하다는 선언이나 마찬가지다.

'지금의 엄마보다 더 좋아질 수 있는 확률이 1%라면, 그 1%가 독서다.'라는 말이 있다. 아이에게 있어서 독서와 엄마 둘 다 중요하다. 엄마가 빠진 독서, 독서가 빠진 엄마는 반쪽짜리 엄마고 절반의 독서다. 그래서는 안 된다. 아이를 가장 정확히 진단할 수 있는 사람은 엄마다. 가장 사랑할 수 있는 사람도 엄마다. 그 엄마가 아이와 독서를 같이 해 줄 때, 아이의 상상력, 사고력, 창조성은 무한대로 발전한다.

독서가 최고의 선물이라고 주장하는 부모들

필자가 활동하는 독서 모임에 이런 내용이 올라왔다. 초등학생 두 아이를 둔 아빠의 글이다.

"이곳에 선생님이 계시는지 모르겠지만……."으로 시작된 짧은 글은 다음과 같이 이어졌다.

"공교육이 유명무실한 것도 큰 문제예요. 큰애 얘기를 들어 보면 학습의 기본은 학원에서 하고 수업 시간에는 선생님이 신경 안 쓴다는 말에……."

그러자 다른 회원의 댓글이 이렇게 올라왔다.

"공부 방법이 바뀌어서 그럴 거예요. 2009년부터 교과 과정이 통섭의 방법을 택하고 있어서 가정 학습이 80%고, 학교에서는 질문에 대한 발표나 토론 형식으로 수업이 이루어져서 미리 공부 안 해 가면 공부거리가 없어요. 그래서 ㅇㅇ님처럼 가정에서 하는 독서가 중요하죠."

"아 그렇군요. 가정 학습이 아니라 학원 공부 해 오라는 것 같아서……. 부모의 아이 교육에 대한 필요와 맞지 않아 보여요. 어렵네요."

"네. 그래서 요즘 더욱 가정 학습이 어려워요. 특히 맞벌이 가정은 더욱 그렇지요. 봄에 봄을 배우니 봄과 관련된 과학부터 문학, 사회, 역사, 인물 등을 책으로 접하고, 노는 토요일을 활용해 직접 체험을 합니다."

엄마들의 고충이 이해가 된다. 가정마다 형편이 다르다 보니, 아이 독서 지도의 어려움을 겪는 가정도 있다. 하지만 시간을 내고 발품을 팔아서 아이 독서 교육의 기본 틀만은 확실하게 잡아 주자. 앞서도 강조했지만 그것이 내 아이를 위한 엄마의 도리이지 않을까.

다시 한 번 강조한다. 아이에게 최고의 리딩 버디(Reading Buddy)는 누구일까? 친구일까? 선생님일까? 아니다. 아이에게 최고의 리딩 버디는 다름 아닌 엄마다. 엄마 중에서도 영 · 유아기에 아이에게 책을 읽어 주고, 초등학교에 올라가면 아이와 함께 책을 읽고 있는 엄마가 아이에게 최고의 리딩 버디다.

물론 책을 많이 읽지 않는 엄마도 아이를 훌륭히 키워 왔다. 엄마의 독서가 아이 교육의 전부는 아니기 때문이다. 엄마의 학력이 아이 독서에 절대적인 것도 아니다. 책을 많이 읽은 교양 있는 엄마가 아이를 모두 훌륭하게 키우리라고 생각하면 그것은 착각이다. 천수경이나 성경만 30년 넘게 읽은 엄마도 아이를 남부럽지 않게 훌륭하게 키워 왔다.

사실 종이책이 아니라 마음의 책이 더 중요하지 않은가. 마음에서 우러나오는 엄마와 아이와의 교감, 정서, 친밀감이 더 가치 있는 책이다.

이 책을 쓰면서 독서의 중요성을 강조하고 실천하는 엄마들의 얘기를 들어 보았다. 그들은 엄마의 독서가 아이들 교육에 상당히 도움이 된다는 것은 부인할 수 없다고 털어놓는다. 엄마들과 얘기를 나누다 보면 아이의 독서 지도뿐만 아니라 본인의 독서 얘기를 들을 수 있어 한층 유익하다.

상담과 진로 관련 국가공인자격증을 여러 개 지니고 있으면서 사회 활동을 열심히 하는 엄마를 만났다. "부모님이 행복한 마음이 들게 키워 주신 것 같아요. 제가 어렸을 때 엄마가 그림책을 많이 읽어 주어서 그랬다고 생각해요."라고 말하는 엄마의 독서량도 만만치 않았다. 우선 본인의 독서 얘기부터 들어 보자.

"남자아이, 여자아이 이렇게 둘을 키웠어요. 아이들이 어릴 때는 저도 역사, 문학, 자기 계발, 심리학 분야의 책을 많이 읽었고, 책을 무조건 사 들였어요. 아이들이 크고 난 지금은 테마가 바뀌었어요. 욕심이나 이상적인 부분이 아닌 말 그대로 비우기에 관한 책을 많이 읽고 있어요. 미니멀리즘을 실천하려고요. 이론으로 무장한 박사가 쓴 철학서나 교양서보다 손등이 닳아진 할머니의 삶의 이야기가 더 좋더라고요. '살아 봐 인생이란 그런 것이여.' 저도 나이가 들었다는 거겠죠. 작년에 집에 있던 책 중에, 아이들 책과 제가 보는 책을 합쳐서 600권을 비워 냈죠. 아이들이 다 커서 안 보거나 불필요한 책은 다 정리했어요. 나중에 다시 꺼내 보고 싶은 꼭 필요한 책만 남겼어요. 그동안 책장이랑 책이 나를 대변해 주는 것처럼 생각하고 살았는데, 그게 아니었다고 느낀 거죠. 어떤 면에선 지적 허영이고 욕심이었다는 사실을 깨닫게 되었다고나 할까요. 직장 생활을 한다는 이유로 옷장에 옷이 미어터질 정도였는데 안 입는 옷도 다 비워 버렸어요. 삶에서 비워 낼 건 다 비워 내고, 책이든 옷이든 제게 중요하고 가치 있는 것만 남기려고 노력하고 있어요."

"어릴 때는 책을 많이 읽었나요?"

엄마의 어린 시절 독서 얘기를 들려 달라고 했다.

"저는 어릴 때부터 독서를 좋아했던 것 같아요. 엄마의 영향이 컸다고 생각해요. 늘 책을 읽어 주었으니까요. 그 당시는 지금처럼 다양한 오락거리가 없었잖아요. 중학교 올라가서 《삼국사기》, 《삼국유사》, 《삼국지》 등을 읽고 독후감을 써서 선생님에게 제출했는데, 최고의 칭찬을 받았어요. 그 이유 때문인지 더욱 많은 책을 읽게 되었던 것 같아요. 그때를 떠올리며 아이들에게 칭찬을 많이 해주면서 키웠어요. 선생님에게 최고의 칭찬을 받았어도 당시에 제가 글에 재주가 있다고는 생각 안 했고, 그저 책이 좋아서 읽었다고나 할까, 그런 거 같아요."

"아이들 독서 지도는 어떻게 하나요?"

"저는 이렇게 생각해요. 아이들이 엄마 아빠와 함께 읽은 책이 최고의 무기라고요. 이번에 큰딸이 논술로 대학을 갔어요. 논술 학원은 한 번도 다닌 적이 없고요. 아이와 책 읽고 많이 얘기하고 묻고 답하고 그랬어요. 책은 권정생 선생님이 쓴 책부터 전집이 아닌 아이가 좋아하는 책을 골라 스스로 읽게 시켰어요. 우리 집에서는 책 안 읽으면 외계인이에요."

책을 펼쳐서 읽는 순간에 눈에 안 읽히면 베스트셀러, 스테디셀러라도 패스(pass)한다는 엄마는 오늘도 비움에 관한 책 한 권을 손에 들고 있었다.

두 아이를 키우면서 독서 지도 교사로 활동하는 엄마를 만난 적도 있다. 대인 관계에서 말을 잘하고 싶어서 3분 스피치 학원도 다닌 적이 있다고 본인을 소개했다. 앞의 엄마가 가정이라는 울타리에서 온전히 부모와 아이가 대화를 매개로 독서 토론하는 관계였다면, 이 엄마의 독서 교육 방식은 조금 달랐다. 아이를 가정이라는 울타리 밖으로 나오게 해서 다양한 토론 경험을 쌓게 하였다. 아이가 그룹에 섞여 독서 토론을 하면서 느낄 수 있는 장점에 관해서 얘기를 해 주었다.

"독서 토론을 하다 보면 남 얘기를 듣기도 하지만, 아이 스스로 생각하는 독서를 하게 되잖아요. 다른 친구들의 얘기를 들으면서 자신의 생각을 또 생각하고. 쟤는 저런 생각도 하는 구나, 이렇게 느끼게 되겠죠. 자꾸 말하게 됨으로써 정리도 되고요. 엉뚱한 말을 하거나, 다른 아이 말을 가로채려고 하거나, 끼어들거나 하면 선생님이 제어해 주잖아요, 기다리라고. 그러면서 아이 스스로 토론은 이렇게 하는 거라는 걸 느끼기도 하고요. 그래도 성급해서 또 끼어드는 아이가 있잖아요. 무엇보다 중요한 건 다른 아이의 단점을 보면서 나는 그러면 안 되지 하고 배울 수도 있고요. 독서 토론으로 인해서 지식뿐만 아니라 인성적인 면 등 여러 가지를 배우게 돼요. 독서 토론이 사회성에도 많은 도움이 되더라고요"

"독서 지도 교사는 어떻게 시작하게 되었어요?"

돌아온 엄마의 대답이 너무도 진솔해서 그대로 기술했다. 책 읽기로 고민하는 엄마에게도 도움이 되는 답변이다.

"사실 저는 처음부터 책을 좋아했던 건 아니었어요. 책을 봐야겠다고 생각한 건 결혼하고도 몇 년이 지난 뒤였어요. 아이들이 서너 살쯤 되었을 때였어요. 책을 보고 싶었지만 이상하게도 항상 베개가 되었어요. 수면제요. 애들에게 읽어 주고, 읽히면서도 정작 저는 안 봤어요. 독서를 어떻게 시작할지 몰라서 독서 토론회에 가입하고 나가기 시작했죠. 모임에 나갔더니 사람들이 독서를 많이 하는 것을 보고 자극받았어요. 토론 모임에 가려면 억지로라도 읽어야겠다는 마음이 생기더라고요.

토론을 하다 보니 현재의 내 모습에서 허물을 벗어 버리고 싶은 마음이 생겼고요. 점점 책을 읽어 가면서 벗어나야 해, 바로 서야 해, 이런 마음이 들었어요. 이렇게 생각되는 지점에서 조금씩 기어나오고 있는 내 모습이 보였고요. 남들은 저의 이런 마음, 이해하기 어려울까요.

책을 읽으면서 얻은 가장 큰 수확은 책 속에 위로가 있음을 안 거였어요. 마음이 풍요롭고, 행복하고 싶어, 많이 나누고 싶어, 이런 마음도 생겼고요.

책 얘기 말고 사사로운 자기 얘기 나열로 빠지는 사람, 자기 얘기한 뒤 남 얘기할 때 혼자 발언권을 자꾸 갖는 사람을 보면서 토론 예절을 배우기도 했답니다.

그렇게 쌓이다 보면 꼬리를 무는 독서가 되어요. 유시민의 《공감필법》을 읽다 보니 거기서 소개하는 어떤 이가 나오고, 예를 들면 박웅현의 《책은 도끼다》 이걸 읽고 좋으니 《돈키호테》란 책도 사게 되고, 계속 꼬리를 물더라고요. 마법같이. 그렇게 독서에 푹 빠지다 보니까 독서 지도 교사가 하고 싶어졌어요. 우리 아이들도 제대로 가르치고 싶었고요. 그렇게 해서 하게 된 거예요."

이번에는 대기업 교육 회사 지국장까지 지냈고, 고등학생 딸, 중학생 아들을 둔 엄마의 얘기다. 담소를 나누면서 전집의 효과에 대해 들어 봤다.

'저는 전집이 효과가 있었어요. 아이들이 초등학교 다닐 때 전집을 집에 들여 놨어요. 필요할 때 꺼내 볼 수가 있잖아요. 학교 숙제를 할 때 도움도 되고요. 내용이 다양하니까요. 예를 들면《흥부와 놀부》이야기책을 읽으면 제비가 등장하잖아요. 아이들보고 제비가 어디에서 날아오느냐고 질문하면 남쪽이라고 대답하잖아요. 그러면 남쪽에는 어떤 나라들이 있을까? 이렇게 해서 사회 관련 책을 들춰 보면서 남쪽 지방에 있는 나라들을 알게 되는 거죠. 그런데 제비가 왜 가을에 남쪽 지방으로 날아가는 거지? 하고 물으면 과학 관련 책을 찾아보면서 따뜻한 곳으로 이동하기 위해서라는 걸 알 수 있잖아요. 이런 식인 거죠. 인터넷으로 찾기보다, 이렇게 책을 뒤적이다 보면 책과 자연스레 친해질 수도 있고요."

이 엄마는 후회스러운 게 하나 있다고 했다.

"저는 아이가 배 속에 있을 때부터 전집을 미리 사 놓고 읽어 줬어요. 아이가 태어나서도 전집을 읽어 줬고요. 그렇게 아이에게 알게 모르게 강요했어요. 아이가 초등학교 2학년 되었을 때, 아이가 울면서 글자를 보면 어지럽다고 하소연하더라고요. 그때야 비로소 아이의 마음을 알게 되었고, 많이 후회했어요. 그 이후로도 사회생활하면서 전집을 집에 들여 놨지만 아이들에게 강요하지는 않았어요. 아이들과 함께 천천히 책을 읽으면서 궁금증을 유발시키고 함께 찾아보고 고민하는 독서를 했어요. 그러니까 아이들도 책 읽는 것을 좋아하게 되더라고요."

엄마는 전집을 사들여서 태아 때부터 영·유아기 때 무작정 책을 읽어 준 것을 후회했다. 아이와 교감 없는 일방적인 책 읽어 주기는 그야말로 자폭이다. 그것을 깨달은 엄마는 그 다음부터 아이와 상호 교류하면서 성장해 가는 독서를 했다.

엄마는 시어도어 젤딘의 《인생의 발견》에 나오는 '누구에게나 뮤즈가 필요하다. 놀라움을 주는 사람들을 만나는 것이 더 흥미롭고, 피상적인 교류가 아니라 상상력을 자극하고 과거를 더 깊이 이해하고 미래를 더 선명하게 볼 수 있도록 설계된 만남이 더 만족스럽다.'를 인용하면서 사람과의 만남을, 독서를 게을리해서는 안 된다고 말했다.

이번에는 책 읽기를 좋아했던 아빠가 생각하는 나름의 독서관과 아이들 독서 지도를 어떻게 시켰는지에 관해 이야기해 보자.

"아이들은 독서를 통해 지혜를 하나하나 알아 갑니다. 하지만 독서는 지루하기도 하고 어느 때는 일종의 고통이 됩니다. 깊이 들어갈수록 고통입니다. 그 지루함과 고통을 넘어서면 자극이 계속 되면서, 알아 가는 즐거움이 생기고, 통찰력도 생깁니다. 책에 모든 것이 담겨 있다고 생각합니다. 요즘에 와서 그 가치를 맛봅니다. 제가 살면서 가장 잘했다고 생각하는 것 중 하나가 우리 아이들이 어릴 때 도서관에 자주 데리고 갔던 겁니다. 아이들이 유치원 때부터 일주일에 한 번 도서관에 같이 다녔거든요. 아이의 인성, 사고 능력, 가치관에 많은 도움이 되었습니다. 지금 우리 애들도 그 가치를 보여 주고 있고요. 대학생이 된 우리 아이들은 자기들도 자식 낳으면 그렇게 할 거라고 합니다. 아이들도 그 당시 독서가 즐거움과 행복을 주었다고 생각하는 거죠."

독서하면서 경계할 점을 강조한 엄마도 있었다.

"가장 짧은 시간에 사람을 변화시키는 건 단연코 책이라고 생각해요. 이것이 독서의 힘이겠죠. 양서 악서 구분 없이 말이죠. 단, 덕이 없이 지식만 쌓는 것은 경계해야 해요. 덕을 기본으로 깔지 않은 앎이란 칼과 같아요. 칼은 도마와 같이 있을 때 진가를 발휘하지만, 도마를 떠난 칼은 사고 칠 위험성을 내포하고 있는 것처럼 말이죠. 많이 안다는 교만, 지식의 우월감으로 인한 오만은 위험해요. 아이들에게도 늘 강조하는 얘기입니다."

자신이 어린 시절로 돌아가면 독서 능력을 선택하겠다는 부모는 이런 얘기를 들려주었다.

"저는 생전 책을 안 읽다가 2년 전부터 조금씩 읽기 시작했어요. 독서는 다른 활동과는 다르게 조용히 앉아서 저자의 생각을 취사선택할 수 있어서 좋아요. 독서를 많이 하면 가족에게 정신적으로 도움을 줄 수 있을 것 같아요. 마음속에서 하고 싶은 말도 어떻게 하는지 모르면 소용없잖아요. 독서를 하면 적절할 때 아내나 아이들에게 용기와 힘을 줄 수 있을 거 같아요. 독서는 힘이 빠진 상태에서도 날 일으켜 줄 것 같고, 길을 잃었을 때도 나침반이 되어줄 수 있다고 생각해요. 그게 곧 가족을 위한 길이기도 하고요."

이밖에 독서하는 이유와 독서의 힘에 관해서 다음과 같이 짧게 얘기한 사람도 있다.

"사색하고 사유하기 위해서요."

"재미있으니까요."

"있어 보이기 위해서요."

"대리만족이죠."

"보다 넓은 생각을 지니고 싶어서요."

"독서하면 성공에 가까워진다기에."

"잘 나가는 사람을 보면 독서하는 사람이 많아서."

"치유가 되는 듯, 내 가슴에 뭔가 채워지는 느낌 뿌듯함, 내 마음의 위안, 이게 책 읽기의 진심인 듯."

"때로는 나아갈 방향과 이정표를 발견하게 되더군요."

"독서는 앉아서 하는 여행이라고 하듯이, 정체되어 있던 나의 사고를 확장시켜 주기 때문입니다."

독서 모임에서 만난 직장 여성의 책 읽기 표현이 인상적이었다. 독서를 비유적으로 아름답게 표현했다.

"어느 날, 어떤 책을 우연히 혹은 어떤 계기로 집어 들어 읽을 때가 있잖아요. 그러면서 그전에는 알지 못했던 미지의 문장들을 읽어 가요. 유목민이 정처 없이 어딘가로 떠나는 것 같은 느낌이랄까요. 그렇게 어느 책에, 어느 부분에, 진도든 필요든 상관없이 머문다는 건 말이죠, 이런 거예요. 유목민이 맘에 드는 장소 어딘가에서 계획과 상관없이 머물며 정박을 즐기는 느낌인 거죠. 매료시키는 사람을 만났거나 그냥 그 주위 자연에서 느끼는 느낌에 매료되어서거나, 다양한 이유가 있겠죠."

이 엄마의 얘기를 듣다 보면 깊이 있게 책을 읽고, 사색하면서 읽고, 질문하면서 읽은 티가 역력해 보였다. 아이들 독서 교육도 이렇게 접근해야 하지 않을까.

지면 할애상 만난 분들의 얘기를 모두 실을 수 없었지만, 많은 분들과 얘기를 나누고 의견을 들으면서 독서의 힘을 다시 한 번 생각해 볼 수 있었다.

재삼 강조하지만, "내 아들딸에게 가장 훌륭한 책은?"은 다름 아닌 '책을 읽는 모습을 보여 주고, 아이와 책으로 대화를 나누는 엄마.'임을 말이다.

먼저 경험한 사람이 아이를 깨우치게 한다

아이의 생각과 행동의 변화가 다른 이유는?

자영업을 하는 40대 초반의 아빠를 알게 되었다. 그는 둘째가라면 서러워할 정도로 독서를 즐긴다. 그에게는 4학년 딸이 있는데, 이 딸도 밥보다 책을 좋아한다. 아빠는 책만 읽는 딸이 걱정스러워 담임 선생님과 면담을 했다고 한다. 아빠는 선생님과 면담 중에 알게 된 재미있는 이야기를 하나 들려주었다.

"1학기에 딸아이 반은 리처드 바크의 《갈매기의 꿈》을 읽고 글쓰기를 하게 되었습니다. 주제는 '갈매기 조나단과의 대화'였어요. 반 아이들이 어려운 주제 때문에 끙끙 맬 때 딸아이만 금세 한 장을

다 채웠다고 하네요. 딸아이가 작성한 내용은 기자가 갈매기 조나단을 인터뷰하는 형식이었답니다. 이렇게요.

기자 조나단씨, 당신은 왜 높이 나는 것에 그렇게 집착하십니까?

조나단 끼룩 끼룩 끼루룩

기자 조나단씨, 앞으로의 계획은요?

조나단 끼루룩 끼룩 끼루룩

…….

이런 식으로 한 장을 다 썼대요. 선생님과 반 아이들이 빵 터졌다고 합니다."

필자도 이 에피소드를 듣고 얼마나 배꼽을 잡았는지 모른다. 상식 이상의 상상과 발상이다. 이것이 독서의 힘이 아니라면 무엇이란 말인가? 유아와 초등학교 저학년 때 아이들의 표현과 상상력은 어른을 문득문득 놀라게 한다. 대체로 남자아이보다는 여자아이의 표현력이 더 뛰어나다. 독서력이 보태어지면 아이는 끊임없이 변화한다. 변화라는 잠재력을 보유하게 된다. 다음에 소개할 아이가 그런 아이다.

내가 만났던 아이들 중에 상당히 인상적인 남자아이가 한 명 있었다. 아빠는 대학 교수고, 엄마는 공무원이었다. 공부 때문에 만났으나 독서의 중요성을 일깨워 준 반전 드라마 같은 사례다. 당시에 아이는 초등학교 5학년이었다. 엄마 말에 의하면 아이는 학교

생활에 참여도가 낮았다. 독불장군이랄까. 화가 나면 제어하기 힘들 정도였다. 화났을 때의 행동을 기억하지 못할 때도 있었다. 손가락에 힘도 없는 것 같고 글씨를 삐뚤삐뚤 썼다.

내가 아이를 지도하기 시작했을 때, 손가락에 힘이 없는 것이 아니라 손에 너무 많은 힘이 들어가서 글씨가 엉터리라는 것을 발견했다. 엄마는 아이를 이 학원에서 저 학원으로 내몰았다. 하지만 성적은 거의 하위권을 헤매다시피 했다. 그런 아이 때문에 엄마는 눈물을 많이 흘렸다고 했다. 많은 시행착오를 거쳤고 별다른 해답을 찾지 못했다. 그동안 했던 아이 교육에 관한 전체 내용을 들어보니 엄마의 욕심이 지나쳤다는 것을 알 수 있었다.

그러던 차에 나를 만났다. 공부 지도 때문에 만났으나 상담을 통해 공부가 필요한 게 아니라 인성 교육이 필요하다는 것을 깨달았다. 첫 만남은 황당한 결과로 끝났다. 수업 도중에 그 아이가 도망가는 사태가 발생했다. 두 번째, 세 번째 수업도 별 진척이 없었다. 엄마 말에 의하면 만나는 선생님마다 아이의 돌발 행동 때문에 한 달 이상 가는 선생님이 없다고 했다.

그렇게 몇 번 수업을 하면서 아이를 관찰해 보니 특별한 점이 눈에 들어왔다. 아이가 상당히 똑똑했다. 지식이 많았다. 공부 성적은 하위권이었지만, 책 얘기가 나올 때마다 눈이 반짝였다. 책을 많이 읽어 아는 것이 많았다. 독서 신공일 정도였다. 아이는 공룡을 좋아했고 미노타우로스 얘기를 하면서 나와 친해졌다. 사실 나는 그리스 신화에 관심이 많아 미노타우로스에 관한 이야기를 잘 알고 있다.

내가 무섭게 생긴 미노타우로스를 출력해서 아이에게 보여 주며, 네가 화낼 때 이런 모습이라고 했더니 움찔했다. 아이 엄마에게 독서 지도를 따로 시켰느냐고 물었더니, 논술 학원을 두 군데 보냈는데 가는 곳마다 말썽을 일으켜 그만두었다고 했다. 특별히 책을 읽으라고 강요는 하지 않았고 자기가 읽고 싶은 책을 읽게 놔뒀다는 것이다. 사실 엄마가 직장 다니다 보니 아이 혼자 책에 빠져 지내는 시간이 많았다. 집에 있으면서 책과 친구가 된 것이었다.

아이를 이런 방식으로 지도해서는 변화시키기가 힘들겠다는 생각이 들었다. 그래서 엄마에게 특별한 제안을 했다. 아마도 이 아이에게서 엄청난 독서력을 보지 못했다면 필자도 이런 제안을 하지 않았을 것이고, 중간에 포기했을 수도 있다.

마침 며칠이 지나면 방학이었다. 필자 집으로 열흘만 데려가서 교육시켜 보내겠다고 했다. 엄마는 흔쾌히 승낙했고 아이와의 동거가 시작되었다. 우리 가족에게도 양해를 구했다. 강남 대치동 한복판에서 살던 아이가 서울 변두리 야산을 끼고 있는 동네에서 살게 된 것이다. 아이에게 향수병은 없었다. 우리 가족과 함께 생활하면서 한 번도 엄마를 찾지 않았으니 말이다.

내가 출근할 때 아이도 같이 나왔고 같이 퇴근했다. 내가 일하는 동안 아이는 자신이 좋아하는 책을 읽었다. 그 모습을 보고 있노라면 아이의 집중력이 놀라웠다. 책을 읽는 자세를 보면 어른인 나도 기가 눌릴 정도였다. 그런 중에도 아이와 중간중간 얘기를 나누었다. 그동안 아이는 자기가 어떤 생각을 하며 살았는지 들어주었다.

시간을 내서 뒷산에 올라 새소리, 물소리를 들으며 산책도 하고, 밥도 정해진 시간에 같이 먹었다. 편식이 심했는데 그것을 고쳐야 했기 때문이다. 어른도 마찬가지지만 아이는 식습관이 매우 중요하다. 두뇌 발달, 신체 발육과 직접적인 관련이 있기 때문이다. 무엇보다 대화를 많이 하는데 시간을 투자했다. 규칙적인 생활을 했다. 공부는 따로 시키지 않았다. 그게 중요한 것이 아니었다. 매일 쓰는 일기만 확인했다. 아이가 읽은 책을 가지고 묻고 대답하기도 했다. 아이는 하루가 다르게 변해 갔다.

그렇게 열흘 동안 함께 지내다가 집으로 돌아갔다. 변한 아이를 보며 엄마는 기뻐했다. 며칠 뒤에 엄마가 이메일을 보내왔다. 간략하게 정리하면 다음과 같다.

아들은 공부 목표를 설정하고, 스스로 변하겠다고 말합니다. 제가 욕심이 과한 건지 아직 만족스럽지는 못하지만 과정이라고 믿습니다. 이젠 엄마가 기다릴 차례인 것 같아요. 다혈질 엄마는 오늘도 조급증을 내며 화를 내지만, 이제 우리 아이는 화내고 있는 엄마에게 "제가 알아서 잘 할게요."라며 엄마를 달래 줍니다. 엄마보다 더 크게 성장하고 있는 아들의 내일의 모습이 기대됩니다. 비상하는 아들을 꿈꾸며 옆에서 그 아들을 바라봅니다.

그렇게 인성 교육이 끝나고 학습 지도를 했다. 인성이 바뀌고, 독서를 통해 머릿속에 든 지식이 많았기 때문에 교과 공부는 금방 따라갈 수 있었다. 몇 달 뒤 시험에서 이 아이는 평균 90점을 넘게 받았다. 60~70점대에서 헤매던 아이였는데 말이다.

필자는 이러한 성적 향상의 원동력이 필자의 능력이 아니라 아이 내면에 축적되어 있던 독서의 힘이라고 확신한다. 무엇이든 기본이 중요하다는 사실을 이 아이가 보여 주었다. 독서가 공부에 영향을 크게 미친다는 사실을 다시 눈으로 확인한 셈이었다. 아이가 공부를 안 한다고 몰아세우거나, 독서 시간을 줄이는 일은 하지 말자.

독서를 기피하는 아이 지도법

독서를 기피하는 아이는 어떻게 지도할까? 많은 엄마가 하소연하거나 상담하는 문제다. 예를 들면 이런 문제다.

"아이가 책을 읽지 않아요, 책 읽기를 좋아하지 않는 것은 물론이고요."

"책을 읽어도 건성으로 읽어요. 물어보면 대답을 못해요."

"아이가 만화책에만 너무 빠져 있어요. 다른 종류의 책은 거들떠 보지도 않아요."

이런 아이는 꾸짖거나 책을 읽으라고 잔소리를 해 봐야 소용없다. 대체로 원인은 엄마에게 있다. 엄마가 아이 독서 지도를 어떻게 해야 하는지 잘 모르는 경우에 이런 문제가 발생하기 때문이다. 아이가 중학년, 고학년이 될수록 책을 읽고 매번 줄거리, 주제, 등장인물을 아이에게 질문하는 엄마들이 있다. 이런 질문은 피해야 한다.

아이가 책 읽기를 공부라고 생각하거나, 숙제를 해야 한다고 생각하면 독서다운 독서를 할 수 없다. 일주일에 한 번이라도 엄마와 아이가 각자 책을 읽고 생각나는 한 문장, 떠오르는 이미지, 전체적인 교훈이나 느낌을 공유한다면 그보다 좋은 교감은 없다. 그럴 시간조차 없다고 말하는 엄마라면, 아이의 독서가 하나의 놀이라고 생각해야 한다. 아이가 즐겁게 놀 수 있는 놀이 말이다. 함께 놀아 주지는 못할망정 너무 개입해서 아이의 놀이를 망치게 하지는 말아야 한다.

내가 쓴 전작의 내용을 보충해서 얘기해 보고자 한다. 아이가 약속을 안 지켰거나 잘못을 했을 때 벌칙을 이용하는 방법이다. 이때의 벌칙은 야단치거나 벌을 세우는 것이 아니라 책을 활용하는 것이다. 아이가 읽을 만한 책을 주고, 읽게 해서 독후감을 쓰거나, 이야기하게 한다. 또는 아이가 읽을 만한 명심보감, 사자소학, 논어를 베껴 쓰게 하거나 읽게 하는 방법도 좋다. 필사하는 것이다.

예전에 한 아빠가 어린 아들이 잘못을 하면, 야단을 치는 대신에 어린이들이 읽을 수 있는 명심보감과 논어를 읽게 하거나 베껴 쓰게 했다. 아들은 무슨 말인지도 모르면서 읽고 베껴 쓰기를 계속했다. 아이는 벌칙이니까 따라하면서도 지겹기도 하고 '이런 걸 왜 베껴 쓰나.' 하며 불평도 했다.

중학교에 들어가서까지 그 일은 계속되었다. 하도 읽고 베껴 쓰다보니 나중에는 그 말이 무슨 의미인지 알게 되었다. 아예 외우게 되었다. 고등학교에 가고 서울대학교에 입학하였다. 대학에 입학하고 성인이 되어 보니 아버지가 명심보감과 논어를 베껴 쓰라고 한 이유를 알게 되었다. 삶을 살아가는 지혜를 주고자 했던 아버지에게 너무나 감사했다. 중·고등학교 다니면서 큰 학업 스트레스 없이 견딘 것도 모두 명심보감과 논어의 한 구절 한 구절 때문이라는 생각이 들었다. 일류 대학 입학과 지금의 내 모습은 아버지 때문이라는 생각에 아버지에 대한 고마움이 느껴진다고 아들은 술회했다.

이런 방법은 꾸준히 해야 한다. 중간에 하다 말다 하면 시작하지 않는 편이 낫다. 꼭 고전만 고집할 필요는 없다. 아이 수준에 맞는 책부터 시작해서 꾸준하게 하면 효과가 있다.

왜 책인가?
뒤늦게 두각을 나타나게 해 주는 뜻밖의 선물

유아기 독서의 기본 - 적게 가르치기, 많이 읽어 주기

의식적으로 혹은 기계적으로 한두 달 노력하면 어느 정도 효과가 나타나는 것이 있는데 공부, 인성, 규칙적인 습관이 그렇다. 공부는 방법을 알고 1~2개월 열심히 하면 성적을 올릴 수 있다. 인성도 마음의 문제이기 때문에 마찬가지다. 아이가 주변 사람에게 친절을 베풀면 주위 사람의 표정이 밝아진다. 화낼 일을 참으면 싸움을 막을 수 있다. 규칙적인 습관은 어떤가? 아침에 제때 일어나고 제시간에 식사 잘하고 규칙적으로 운동하면, 소화가 잘 되고 몸이 가벼워진다. 준비물을 잘 챙겨 가면 낭패를 당하지 않는다.

이 세 가지 능력은 짧은 시간이라도 열심히 노력하면 효과가 나타난다.

반면에 상당한 시간이 지나야 효과가 나타나는 것도 있는데 재능과 독서가 대표적이다. 재능이 발현되려면 상당한 노력과 시간이 필요하다. 독서도 마찬가지다. 한두 달 책을 읽었다고 지혜가 갑작스럽게 쌓이거나 없던 글 솜씨가 생기지는 않는다.

한 분야의 정상에 오른 사람의 얘기를 듣다 보면 공통적으로 강조하는 키워드가 있다. '기본'이다. 기본을 잘 다져 놓으라고 말한다. 사업도, 운동도, 그림도, 음악도 기본이 중요하다. 앞서 강조했듯이 이 책의 주제인 인성, 재능, 규칙적인 습관, 독서, 공부도 마찬가지다.

경영학자인 성균관대학교 유필화 교수는 '기본은 입문이나 기초가 아니라 전부다.', '문제가 생겼을 때는 기본으로 돌아가야 답이 보인다.', '기본을 건너뛴 자는 반드시 무너지고 만다.'라며 기본의 중요성을 강조한다. 그만큼 기본이 탄탄하게 갖추어져 있어야 정상에 오를 수 있다는 얘기다.

아이 독서도 기본에 충실해야 한다. 초등학교 때 책 읽기에 대한 흥미를 놓치지 않고 책을 잘 읽으려면 어떻게 해야 할까? 유아기 때, 기본적인 읽기 능력을 갖추어야 한다. 그래야 초등학교에 들어가서 읽기에 재미가 생기고 가속도가 붙는다. 초등학교 중학년, 고학년으로 올라가면서 읽기에 뒤처지는 학생의 대부분은 유아기 때, 읽기의 기본을 안 잡아 주었기 때문이다. 엄마의 잘못이 상당하다.

이런 점에서 독서 교육의 권위자인 김은하 박사가 모니크 세네샬 연구를 소개한 내용은 독서의 기본이 무엇인지 알려 주기에 주목할 만하다. 모니크 세네샬은 가정에서의 읽기 활동이 아동의 언어 발달에 끼치는 영향을 연구한 바 있다. 가정에서의 공식적인 읽기 활동과 비공식적인 읽기 활동이 학교에 들어간 뒤에 어떤 효과가 있는지에 관한 연구였다.

공식적인 읽기 활동은 글자 떼기에 집중하는 활동이다. 엄마가 아이에게 그림책의 글자를 소리 내어 읽기를 가르치는 활동이다. 대표적으로 학습지 교사의 교육이 여기에 해당한다.

비공식적인 읽기 활동은 엄마가 아이에게 그림책을 읽어 주며 문답식으로 대화하는 방식이다. 이러한 비공식적인 읽기 활동은 어휘력 발달을 가져온다.

세네샬은 연구를 위해 네 개의 집단으로 아이들을 나누었다.

① 많이 가르치기-많이 읽어 주기

② 적게 가르치기-적게 읽어 주기

③ 많이 가르치기-적게 읽어 주기

④ 적게 가르치기-많이 읽어 주기

많이 가르치기-많이 읽어 주기를 한 아이들은 초등학교 입학 이후에 지속적인 읽기 능력과 독해력 향상을 보여 주었다. 적게 가르치기-적게 읽어 주기를 한 아이들은 낮은 읽기 능력과 독해력을 보여 주었다. 이 두 그룹은 결과가 그렇게 되리라고 상식적으로 충분히 납득할 수 있다.

문제는 ③과 ④ 집단의 아이들이다. 놀라운 반전이 있었다. 많이 가르치기-적게 읽어 주기를 한 아이들은 초등학교 1학년 때 읽기 검사에서 높은 점수를 받았다. 적게 가르치기-많이 읽어 주기를 한 아이들은 초등학교 1학년 때 읽기 검사에서 낮은 점수를 받았다. 그런데 4학년 때 역전 현상이 발생했다. 많이 가르치기-적게 읽어 주기를 한 아이들의 읽기 능력이 급격히 떨어져서 평균 이하가 되었다. 반면에 적게 가르치기-많이 읽어 주기를 한 아이들의 읽기 능력은 독해력이 높아져서 평균 수준을 회복했다. 많이 읽어 주기가 많이 가르치기보다 뒤늦게 두각을 나타낸다는 사실을 알게 되었다.

아이와 정서를 교감하면서 그림책을 많이 읽어 주는 엄마가 되어야 한다. 이것이 유아기 때 엄마가 아이에게 해 주어야 하는 책 읽기의 기본이다.

초등학교 독서의 기본
- 스스로 찾고 읽는 힘 키우기

엄마와 그림책으로 읽기를 다진 뒤에 초등학교에 입학한 아이에게 엄마가 해 주어야 하는 독서의 기본은 다음과 같다. 유아기에 제때 기본을 잡아 주지 못했다면, 늦었다고 생각하지 말고 초등학교 올라가서 잘 잡아 주면 된다.

1) 책 읽을 시간이 없다는 말은 그만, 적극적인 행동으로 보여 주어야 한다.

아이들은 눈에 본 것을 익숙하게 생각하고 따라하며 성장해 간다. 부모의 책 읽는 모습이 아이의 책 읽기 능력에 어느 정도 영향을 주는지 수치로 명확하게 제시하는 연구 결과를 찾아보기는 힘들다. 하지만 집 곳곳에 책이 널려 있고, 부모가 책 읽는 모습을 많이 보여 준 아이들이 그렇지 않은 아이들에 비해서 상대적으로 책 읽기를 즐겨 하리라는 예측은 충분히 가능하다.

2) 아이와 함께 책 읽고, 생각하고, 대화하자.

엄마가 단지 책 읽는 모습을 보여 주는 행동을 넘어서 아이와 함께 책을 읽어야 한다. TV 보는 시간, 불필요한 모임을 그만두고라도 아이와 책을 읽어야만 한다. 아이가 초등학교에 입학하면 엄마는 책 읽어 주기를 멈추는 경향이 있다. 하지만 아이의 책 읽는 속도나 독해력을 봐 가면서 아이와 함께 책을 읽고 생각하고 토론하는 시간을 가져야 한다. 이것은 아이의 책 읽기 능력을 위해 엄마가 해 줄수 있는 가장 효과적인 방법이다. 고학년으로 올라가면서 여기에 간략한 쓰기 활동도 추가해 보자. 단, 아이가 힘들어해서는 안 된다. 재미있는 표현이나 책 읽은 느낌을 짤막한 몇 문장으로 표현하게 하자.

책 읽는 재미를 느끼게 해 주는 부모가 가장 현명한 부모라는 말이 있다. 일주일에 최소 한두 번이라도 엄마와 책 읽는 시간을 만들어서 책을 낭독해 주거나 함께 읽자. 책은 저자의 생각이 담겨져 있다. 저자의 생각을 읽고 아이가 생각하는 습관을 들이게 해야 한다. 저자의 생각을 잘 훔쳐서 아이의 사고력에 자양분이 되게 해 주는 역할을 엄마가 해야 하는 것이다. 엄마는 학원, 학교에서 책 읽기를 알아서 해 주겠거니 생각하면 안 된다.

3) 전집류는 신중히 생각해서 구입한다.

우리나라 엄마는 전집류에 대한 애착이 너무도 심하다. 출판사 광고, 옆집 엄마 얘기만 듣고 무작정 전집류를 사지 말아야 한다. 사실 사고 나면 열에 아홉은 후회한다. 많은 엄마가 아이 연령대에 따라 전집류를 사서 읽힌다. 초등학교에 들어가서도 마찬가지다. 이것이 아이에게 유익하다는 과학적인 결과를 보지 못했고, 이것을 옹호하는 교육 전문가도 보지 못했다. 전집류를 안 사는 것이

정답이라는 말은 아니다. 효과를 보았다는 가정도 있기 때문이다.

4) 스스로 생각하는 힘을 키울 수 있도록 책은 아이가 직접 고르게 한다.

아이에게 자기가 입을 옷을 직접 고르게 하는 것과 마찬가지다. 아이가 책에 흥미를 잃지 않고 주도성을 기르기 위해서 본인이 읽을 책은 본인이 고르게 하는 것이다. 엄마 기준으로 책을 고르거나 아이 수준에 맞지 않는 필독서만 읽으라고 하면 아이는 학년이 올라갈수록 책에 대한 흥미와 주도성을 잃기 쉽다. 엄마는 아이 스스로 관심 분야의 책을 훑어보면서 고를 수 있게 도와주는 역할을 해야 한다. 아이가 고른 책에 대해서 엄마가 마음에 들지 않는다고 다른 책을 권하게 하면 아이는 이후에 엄마 눈치를 보면서 책을 고르게 되어 주도성을 상실하기 쉽다. 엄마는 아이의 독서 수준을 정확하게 체크할 수 있어야 한다.

5) 아이에게 책을 읽으라고 강요하지 않는다.

콩나물시루에 물을 주면 내려간다. 스쳐 가는 물줄기에 서서히 콩나물은 자란다. 아이가 물줄기 같은 독서를 할 수 있도록 도와주어야 한다. 모든 아이가 책을 좋아하고 제때에 맞게 책을 잘 읽을 수는 없다. 책을 읽으라고 강요하면 할수록 아이는 점점 책과 멀어진다. 엄마가 책 읽는 모습을 보여 주고 함께 책 읽는 과정이 선행되어야 한다.

아이는 어리면 어릴수록 호기심의 강도가 세다. 아이에 따라서는 지적 호기심이 남다른 경우도 있지만 그 반대인 경우도 있다. 따라서 아이에 맞는 독서가 필요하다. 아이의 책 읽기가 늦다고 조급해하거나 서두르지 말자. 그러면 아이는 더욱 책과 멀어진다.

아이들에게 책은 세상을 보여 주는 거울이다. 강의를 다녀 보면 지역마다 아이들이 독서를 대하는 생각과 자세가 다르다. 아이들에게 다섯 가지 능력 중 어떤 능력을 가지고 싶으냐고 물어보면 어떤 지역에서는 재능을, 어떤 지역에서는 독서를 많이 선택한다.

초등학생 3~6학년을 대상으로 부산에 강의를 갔을 때는 독서를 선택한 학생은 단 한 명도 없었다. 20여 명의 학생들 대부분이 재능을 선택했다. 공부, 인성, 규칙적인 습관을 선택한 학생은 한두 명이었다.

김해에 강의를 갔을 때는 독서 능력을 선택한 아이가 많았다. 19명이 강의를 들었는데, 독서 7명, 공부 4명, 규칙적인 습관 4명, 인성 3명, 재능 1명이었다. 왜 독서 능력을 선택했느냐고 물어봤더니, 재미있어서, 자세하게 알 수 있으니까, 라는 답변이 돌아왔다. 이런 아이들이 많아졌으면 하는 바램이다.

어려서부터 독서를 체계적으로 해 온 아이가 커 가면서 독서를 계속 한다면 어떤 일이 일어날까?

지금의 성공이 어린 시절에 한 독서 때문이라고 말하는 마이크로소프트의 설립자 빌 게이츠, 하루 중 3분의 1을 독서에 쓴다는 세계적인 갑부 워런 버핏, 2015년을 '책 읽는 한 해'로 선포하기까지 했던 페이스북의 CEO 마크 저커버그, 항상 책 두세 권을 가지고 다니면서 읽는 하워드 슐츠 스타벅스 CEO, 불우한 어린 시절에 독서가 희망이었다고 말하는 방송인 오프라 윈프리 등 독서를 강조한 인물은 많다.

제3장

자기 관리가 철저한 사람으로 키우고 싶다

- 습관 3위

경로 의존성 이론

- 익숙해진 습관은 고치기 힘들다

하고자 하는 행동을 지체 없이 몸에 배게 하라

엄마는 아이가 좋은 습관을 들이는데 신경을 많이 쓴다. 세 살 버릇이 여든까지 간다는 속담을 말하지 않더라도, 사춘기 전에 올바른 습관이 몸에 밸 수 있도록 해야 한다. 그럼에도 불구하고 이것은 쉽지 않은 일이다.

왜 그럴까? 습관은 행동과 밀접하게 관련되어 있기 때문이다. 다른 동물과 달리 생각이 많은 인간은 특히 그렇다. 몸이 생각을 바로바로 따라가지 못한다. 몸은 게으름과 편안함을 추구하게 되어 있다.

2006년 뉴스위크 일본판 '세계가 존경하는 일본인 100인'에 선정된 바 있는 마스노 순묘는 생각하기 전에 바로 시작하는 습관을 강조한다. "생각이 너무 많게 되면 한 가지도 제대로 못하기 때문에 생각보다 앞서 행동하라." 이런 주장이다. 생각하기 전에 행동하라는 주장이 이해가 안 될 수도 있다. 습관에서 생각이 많음을 경계한 말이다. 아침에 일어나는 습관만 보더라도 어떤 아이는 한두 번 얘기하면 바로 벌떡벌떡 일어난다. 반면에 어떤 아이는 습관적으로 5분만, 10분만 하기 때문에 깨우기가 여간 힘든 게 아니다. 이런 아이는 머릿속에서 지금 일어나야 할지 말지를 무의식적으로 계속 생각하며 5분, 10분을 보낸다. 생각이 행동을 방해하는 단적인 예다. 번호표를 뽑고 순서를 기다리는 시간처럼, 생각이 일어나고 싶어 해도, 몸이 따라 주지 않는다. 결국 이 습관이 길어지면 게으름이 된다.

정리의 경우를 봐도 그렇다. 어릴 때부터 부모의 지도 아래 스스로 방 정리를 해 온 아이는 커서도 습관적으로 방 정리를 한다. 하지만 커서도 방 정리를 하지 않는 사람은 방 정리를 해야지 하면서도 행동으로 옮기지 않는다. 아마도 이런 사람은 어렸을 때 엄마가 대신 방 정리를 해 주었을 것이다.

아침에 일찍 일어나기나 방 정리처럼 어렸을 때부터 꾸준히 습관이 몸에 밴 사람과 그렇지 않은 사람은 분명한 차이점이 있다. 이렇게 행동할 수 있는 힘, 즉 실행력을 높이려면 스피드보다는 스타트가 중요하다. 생각이 많아지기 전에 지체 없이 행동하는 교육이 필요하다. 나쁜 습관을 바꾸는 한 가지 방법은 새로운 행동을 반복해서 새로운 습관을 만드는 것이다. 아이의 나쁜 습관을 오래 놔두어서는 안 된다. 대신 해 주어서도 안 된다. 나쁜 습관의 결과를 알려 주고 새롭게 행동하도록 해야 한다.

아이의 규칙적인 습관은 부모의 영향을 받기 마련이다. 독서, 인성과 마찬가지로 습관 또한 부모에게서 배운다. 부모의 태도가 중요하다.

연구에 의하면 어른은 잘못된 행동을 하면서 아이에게만 바르게 행동하라고 하면 초등학교 고학년만 되어도 이것이 위선이고 이런 어른의 가르침에는 주의를 기울이지도, 받아들이지도 않는다는 결과가 있다.

아이의 습관이 변화하기를 원한다면, 어려서부터 아이 스스로 목표를 정하고, 도전할 수 있는 환경을 만들어 주어야 한다.

주기적으로 명함 정리를 하는 아빠가 있다. 직업상 만나는 사람이 많았고 명함이 쌓여 가면 정리를 했다. 아빠는 자신의 명함을 정리하다가 문득 스치는 생각이 있었다. 초등학교 2학년 아들에게 메모의 힘을 알려 주고 싶었다. 아빠가 명함 정리를 하면서 아들을 불렀다. 아빠는 아들에게 한 묶음의 명함을 주며 '압구정 커피숍'이라고 적어 놓은 명함을 찾으라고 일러 주었다. 아들은 한 장 한 장 넘기며 찾기 시작했다. 그 사이 아빠는 다른 명함을 정리했다.

“아빠, 여기 있어요.”

아들이 명함을 찾아 아빠에게 내밀었다. 아빠는 잘했다며 아들의 머리를 쓰다듬었다.

일주일 뒤에 아빠는 명함을 가져다 놓고 아들을 불렀다. 찾고 싶은 명함이 있었다. 아들 보고 ‘시청 000와 방문’이 적힌 명함을 찾으라고 했다. 아들이 지난번에는 아무런 질문이 없었는데, 이번에는 호기심이 생겼는지 아빠에게 이렇게 물었다.

“아빠, 명함마다 왜 이런 걸 적어 놓았어요?”

아들이 본 명함에는 일자, 시간, 장소가 적혀 있었다. 명함의 주인공과 만난 일자, 시간, 장소를 기록해 놓은 것이다. 어떤 명함에는 몇 개의 키워드까지 적혀 있었다. 키워드는 그 사람의 인상이나 미팅 내용이 대부분이었다. 명함마다 깨알 같은 글씨로 적어 놓았다.

아빠는 이렇게 설명했다.

“이건 아빠의 습관이야. 명함에 그 사람을 만난 날짜와 간단한 메모를 해 두면 나중에라도 그 사람과의 인연을 쉽게 떠올릴 수 있기 때문이야. 이해되니?”

“네. 잊어버리지 않으려고 하는 거잖아요.”

“그렇지. 만일 아빠가 명함만 받고 메모를 하지 않았다면 시간이 지나면서 이 사람을 언제 어디서 만났는지 기억 못할 거야. 그러니까 아들도 아빠처럼 중요 내용을 기록하는 습관을 지니면 좋겠어.”

아빠의 말에 아직 만족을 못했는지 아들은 또다시 질문했다.

"아빠처럼 좋은 대학교 나오고 대기업에 다니는 사람도 잊어버리는 게 많아요?"

그러자 아빠는 웃으면서 이렇게 대답했다.

"아들아, 아빠는 신(神)이 아니야. 아무리 좋은 머리를 가진 사람이라도 시간이 지나면 잊어버리게 되어 있어. 잊지 않으려면 적는 습관을 익혀야 한단다. 아들이 공부할 때도 마찬가지야."

아빠의 말에 아들도 "아, 그렇구나." 하며 맞장구를 쳤다. 그런 아들을 보며 아빠는 몇 마디를 덧붙였다.

"이 세상의 뛰어난 천재도 메모하는 습관이 있어. 그러니 평범한 사람은 더더욱 기록하는 습관을 소홀히 해서는 안 되는 거야."

아빠는 자신이 늘 하고 있는 습관에서 찾은 방법으로 아들에게 메모의 중요성을 인식시켰다. 이 일이 계기가 되었던지 이후 아들은 기자가 되고 싶어 했다.

시간과 규칙의 중요성을 가르쳐라

나이가 들어갈수록 생각이 많고 두려움이 앞서 무슨 일이든 쉽게 도전하지 못하는 사람이 있다. 이런 사람은 확신이 서도 복잡한 생각에 주춤거린다. 결국 시작도 못한다. 반면에 일단 확신이 들면 용기를 내어 무조건 도전하는 사람이 있다. 이것은 생각보다 행동하는 습관이 어릴 때부터 몸에 배었기 때문이다. 엄마는 아이에게 행동의 중요성을 계속 강조하고 몸에 익히게 해야 한다. 이를테면 밖에 나갔다가 집에 들어오면 무조건 화장실에 가서 손을 깨끗이 씻는 일이다. 기억에서 멀어지게 전에 오늘 학교에서 배운 내용을 복습하게 하는 것이다.

다섯 가지 능력 중 습관은 독보적이리만큼 일상생활의 모든 부분과 관련을 맺는다. 아침에 일어나기부터 이불 개기, 식사, 양치, 공부, 정리, 독서, 시간 약속, 자세, 운동, 잠자기 등등 모든 행동 하나하나가 습관과 관련되어 있다. 삶 자체가 무수히 많은 습관의 연속이다.

매일 해야 하는 일상적인 일이 있다. 단순하게 생각해 보자. 이를테면 일어나고, 먹고, 자는 일이 반복된다. 전문가들은 정해진 시간에 일어나고, 정해진 시간에 식사하고, 정해진 시간에 자는 일만 잘해도 건강한 삶을 유지할 수 있다고 한다. 여기에 운동까지 하면 더할 나위가 없다. 이것이 아이에게 가르쳐야 할 기본적인 생활 습관이다.

운동 얘기를 조금 더 해야 할 것 같다. 일리노이주립대학교(UIUC)의 연구에 따르면, 운동을 꾸준히 한 아이가 신체적 발달은 물론이고 정보를 습득하고 처리하는 두뇌 발달이 운동을 하지 않는 아이보다 좋다는 결과가 나왔다. 이뿐 아니라 운동을 꾸준히 하는 아이가 집중력, 사회성, 학업 성취도, 자신감, 도전 정신 등 여러 방면에서 두각을 보였다. 더 놀라운 사실은 운동이 행복 호르몬이라 불리는 '세로토닌' 분비를 촉진시켜 아이가 더 행복하게 커 갈 수 있게 한다는 점이다.

이러한 습관에서 강조되는 것이 두 가지 있다. 하나는 시간이다. 습관은 시간과 밀접한 관련을 가진다. 그럼 다른 하나는 무엇일까? 바로 규칙이다. 규칙적인 습관이어야 한다. 어떤 습관을 몸에 배게 할 때는 가급적 정해진 시간을 지키려고 하고 그 습관이 규칙적이어야 한다.

아이에게는 생활 습관 못지않게 필요한 것이 공부 습관이다. 엄마들은 이 공부 습관에 상당한 공을 들인다. 아이 입장에서 보면 공부는 아주 재미없는 일이다. 그러기에 생활 습관보다 공부 습관을 제대로 들이는 일이 더 힘겹다.

성인이 되어서 어떤 직업을 가지던지 기본적인 습관은 건강을 지키는데 절대적이다.

이 조사를 진행하면서 학부모가 아닌 20대 후반의 남녀에게도 질문한 적이 있다. 어린 시절로 돌아가면 다섯 가지 중에서 어떤 능력을 가지고 싶으냐는 질문에 규칙적인 습관을 선택한 사람이 적지 않았다. 나이가 서른 살인 여성은 제시간에 잠자고 제시간에 일어나기가 안 되어 직장 생활이 힘들다고 토로하기도 했다. 이 여성은 어린 시절에 늦게 자는 습관이 몸에 배어 성인이 되어서까지 고생을 하는 경우이다.

습관이 무서운 이유

다섯 가지 능력 중에서 습관의 힘이 가장 무섭다. 공부를 못한다고 인성까지 낙제란 법은 없다. 공부가 제로(0)라고 인성이 제로가 되지는 않는다. 공부는 못하지만 인성이 바른 사람은 얼마든지 있다. 반대로 인성은 제로이지만 공부는 특출할 정도로 잘할 수 있다. 독서를 거의 안 한다고 세계적인 야구 선수가 못 되는 것도 아니다.

하지만 습관은 다르다. 습관이 제로이면 어떻게 될까? 공부 습관이 제로인데 공부를 잘할 수 있을까? 아니다. 습관은 자기 관리의 문제다. 독서 습관이 제로인데 독서 신공이 될 수 없다. 평상시 생활 습관이 제로인데 인성이 좋을 리 없다. 재능도 마찬가지다. 자기 관리가 안 된 사람이 재능으로 성공할 수 있을까? 아무리 뛰어난 재능을 갖추었더라도 그 재능은 얼마 가지 못할 것이다.

따라서 습관이 제로이면 다른 능력도 제로가 된다. 이 얼마나 무서운 일인가. 규칙적인 습관, 자기 관리가 무너지면 모든 것이 무너진다. 공부도, 재능도, 독서도, 인성까지도 말이다. 이것이 내가 규칙적인 습관을 강조하는 이유이기도 하다. 아이 교육에서 습관의 중요성을 다시 상기할 때다.

한 번 익숙해진 습관은 고치기 힘들다. 그래서 첫 단추를 잘 꿰어야 한다고 강조한다. 하지만 살다 보면 고쳐야지 하면서도 안 되는 일이 많다. 그것이 나쁜 습관이라도 익숙해지면 고치기 힘들다. 이런 사회 현상을 스탠퍼드대학 교수인 폴 데이비드와 브라이언 아서는 '경로 의존성'이라고 부른다. 경로 의존의 덫에 사로잡히면 그 경로가 비효율적이라는 사실을 깨닫고도 여전히 그 경로를 벗어나지 못한다는 이론이다. 경로 의존성 이론은 습관을 인용할 때 종종 등장한다.

경로 의존성 이론은 타자기 자판 배열과 컴퓨터 자판 배열과의 관계에서 나온 말이다. 간단히 설명하면, 컴퓨터 키보드를 보면 한글은 왼쪽이 자음, 오른쪽이 모음으로 구분되어 있다. 하지만 영문은 의미도 질서도 없이 놓여 있기 때문에 치기가 힘들다. 타자기의 자판 배열을 그대로 유지했기 때문이다. 단지 사람들에게 익숙하다는 이유만으로 불편한 컴퓨터 키보드를 치고 있는 셈이다. 한 번 사람들에게 고정된 습관은 좀처럼 고치기 힘들다는 것을 보여 주는 사례다.

이제, 엄마들이 아이에게 줄 능력으로 규칙적인 습관을 선택한 이유를 살펴보자.

규칙적으로 생활하면
다른 것도 다 잘한다고 주장하는 부모들

습관은 아침의 시작과 함께한다. 밤의 마지막도 함께한다. 온종일 함께 지낸다. 이렇게 언제나 아이와 함께하는 그림자와 같다. 아이와 조금씩 닮아 가면서 어떤 습관은 아이를 무질서하게 만들기도 하고, 어떤 습관은 아이를 돋보이게도 한다. 이렇게 습관은 잘만 들이면 아이를 건강하고 능력 있게 해 주는 무엇보다 값진 선물이다.

다수의 엄마들은 아이에게 주고 싶은 능력으로 왜 규칙적인 습관을 선택했을까? 이제부터 그들의 목소리를 들어 보자. 유아와 초등학생 아이를 둔 엄마의 얘기다.

"규칙적인 습관은 어느 정도 자기 절제를 한다는 뜻이잖아요. 아이가 아침에 일어나는 것만 보더라도 알 수 있어요. 더 자고 싶은 욕심을 참는 것도 자기 절제잖아요. 과식하지 않는 것도 그렇고요. 더 놀고 싶지만 독서할 시간이 돼서 책을 읽는 습관도 마찬가지고요. 참고 절제하는 게 되면 무엇을 하던 잘할 수 있다고 봐요. 그래서 우리 아이에게 절제하는 힘, 참는 용기를 심어 주려고 노력하고 있어요."

성공한 사람의 주요 특징 중 하나가 자기 관리다. 거의 공통적인 요소나 다름없다. 자기 관리가 안 되는 사람이 무슨 성공을 할 수 있겠는가. 아이에게도 어렸을 때부터 절제하는 마음을 강조하고 교육하면 아이는 다른 삶을 살 수 있다.

초등학생 자녀를 2명 둔 엄마는 이렇게 이야기한다.

"규칙적인 습관은 성실함이 뒷받침되어야 가능하기에 우리 집 가훈이 성실이에요. '성실'을 표구해서 거실에 걸어 놨어요. 성실한 사람은 뭐가 되도 되지 않을까요? 저는 기본적으로 아이들에게 일기 쓰기를 강조하고 있어요. 물론 저도 저를 위해 일기를 써요. 엄마가 안 쓰면서 아이에게만 쓰라고 하는 것은 우스운 일이죠. 일기를 통해서 하루를 돌아보고 칭찬하고 반성하고 그렇게 공유를 해요. 그러다 보니 규칙적인 습관의 중요성을 알고, 아이들도 하나하나 실천하고 있고요"

《명심보감》 성심(省心)편에 대부유천(大富由天), 소부유근(小富由勤)이라는 말이 나온다. '큰 부자는 하늘에서 내리고 작은 부자는 성실함에서 온다.'는 뜻이다. 절제하고 성실하게 살면 작은 부자는 될 수 있다.

중학생과 고등학생 딸을 두고 있는 엄마는 이렇게 얘기한다.

"큰딸은 대체로 스스로 알아서 해요. 규칙적인 생활을 하는 편입니다. 생활 습관도 공부도 잘해요. 하지만 작은 아이는 자기가 하고 싶은 대로 생활합니다. 자기가 먹은 것도 잘 치우지 않아요. 먹은 거 그대로 놓고 가요. 반찬은 냉장고에 넣고, 먹은 그릇은 설거지통에 넣고 가면 얼마나 좋아요. 학원도 가기 싫으면 빠지기 일쑤고요. 규칙적인 생활하고는 멀어요. 내버려 둡니다. 좀 크면 안 그러겠지, 이렇게 생각하고 있어요. 본인이 필요를 느낄 때까지 말 안 하려고요. 학교에 가서 혼도 나고 학원에 가서 잔소리를 들으면 나아지겠죠."

아이를 약간 방치하듯이 키우면 좋다고 주장하는 엄마도 있다. 일일이 간섭하다 보면 오히려 역효과를 가져온다는 것이다. 틀린 말은 아니다. 자유롭게 키우고 싶다는 의미가 내포되어 있다.

하지만 약간의 방치가 무관심이 되어서는 곤란하다. 특히 유아기 때부터 방치하듯이 키우면 부작용이 많다. 더군다나 생활 습관과 공부 습관이 엉망인 아이를 방치하듯이 내버려 두는 것은 옳지 않다. 식탁을 정리하는 일은 지금이라도 엄마가 함께하자고 해서 서서히 습관을 들이는 게 좋다. 학원에 가기 싫어하는 아이는 굳이 학원에 보낼 필요 없다. 차라리 그 시간에 독서를 하게 하라. 또한 너무 오냐오냐 해 주는 것도 부작용이 생긴다. 무조건 말만 하면

다 들어주는 경우다. 이런 경우도 자기 관리가 안 되는 아이로 자라게 된다.

초등학교 고학년과 중학생을 둔 엄마의 얘기다.

"저는 아이들에게 몸을 많이 움직이는 규칙적인 생활을 하라고 강조해요. 몸이 건강해야 머리도 잘 돌아간다고 믿거든요. 공부는 강요하지 않아요. 때가 있다고 믿게 되었어요. 전에는 아이들이 공부 잘하나 감시도 했는데, 그게 얼마나 잘못되었고 아이들에게 스트레스를 주는지 알게 된 뒤 반성이 되더라고요. 그때는 아이들하고 많이 싸우기도 했죠. 제 마음을 바꾸니까 얼마나 편한지 몰라요. 아이와의 갈등에서 오는 스트레스 없는 생활이 얼마나 행복한지요. 요즘 저는 고민이 있어도 고민에 집중하지 않고 운동을 해서 풀어요. 아이들에게도 규칙적으로 운동하라고 강조하고 있어요. 그러자 아이들이 조금씩 변하는 걸 알게 되었어요."

직장 생활을 하면서 요가를 생활화하고 있는 엄마는 앞의 엄마와 비슷한 주장을 한다.

"주위 사람만 봐도 알잖아요. 규칙적인 습관을 생활화한 사람이 얼마나 열심히 그리고 건강하게 사는지가 보이잖아요. 그래서 저도 아이들에게 늘 규칙적인 습관을 강조합니다. 물론 저 또한 그렇게 생활하고 있어요. 우리는 잘못된 습관에 더 잘 길들여지잖아요. 몸에 유익한 건 멀리하는 경향이 있죠. 저는 요가를 통해 몸이 건강해졌는데, 사람들은 건강해지면 운동을 그만두더라고요. 하지만 저는 꾸준히 했어요. 아이들에게도 운동을 한 가지씩은 꾸준히 시켰는데 그게 학습 효과로도 이어지는 것 같더라고요. 머리가 맑아지니 공부가 잘된다고 하더라고요."

습관은 자연을 닮아야 한다. 자연은 봄에 맞는 풍경이 있고 여름에 어울리는 풍경이 있다. 가을과 겨울도 마찬가지다. 그리고 매년 멈추지 않고 새롭게 반복된다. 아름답다. 무엇보다 인간을 이롭게 한다. 자연처럼 습관도 멈추어서는 안 된다. 매년 새롭게 변화하며 반복되어야 한다. 무엇보다 자신과 다른 사람에게 보기 좋아야 하고 이로움을 주어야 한다.

예전에 대학생이 된 딸과 이번에 대학에 입학한 딸을 두고 있는 엄마의 이야기다. 이 엄마는 사회생활을 왕성히 하고 있다. 규칙에 대한 소신이 남다른 엄마였다.

"저는 규칙을 미리 정해 놓고 가르치지는 않았어요. 그때그때 상황에 맞게 아이가 알아야 할 것을 얘기해 주었어요. 위험하지만 않으면 자유롭게 키웠어요. 아이가 하고 싶은 대로요. 규칙을 미리 정해 놓는다는 건 저와 맞지 않았어요. 저는 늘 딸들에게 네가 결정해야 한다, 그리고 네가 책임져야 한다를 강조했어요. 최대한 자율성을 주었어요. 일일이 간섭하고 해 주지 않았어요. 요청하면 그때 해 주었어요. 아이가 소변을 누면 엄마는 닦기 바쁘잖아요. 저는 아이가 자기 오줌을 가지고 손바닥으로 방바닥을 찰싹찰싹 때리는 것도 놔두었어요. 재미있게 노는 것을 보니 바로 치우고 싶지 않더라고요. 그게 창의성 발달에 조금이라도 도움이 되는지는 모르지만요. 저는 '네가 자랑스럽다'라는 말을 매일 해 주었어요. '믿는다', '사랑한다.'

학교 가기 전에 한 번 안아 주고 학교 다녀오면 또 한 번 안아 주고. 그렇게 키웠더니 진로도 자신들이 결정하더라고요. 큰애는 여대에서 광고 홍보를 전공하고요, 이번에 텍사스에 교환 학생으로 갔어요. 작은애는 가수가 되겠다고 해서 그쪽을 준비하고 있어요."

초등학교 고학년 아들을 두고 있는 엄마는 이렇게 얘기한다.

"너무 자유분방한 성격의 아이라 규칙을 지키는 것을 어려워했어요. 그래도 규칙부터 지키고 나서 자유를 주었지요. 집에서는 부모 말 잘 따르고, 학교에서는 선생님 말 잘 따르고, 학원에서는 학원 선생님 말 잘 따르라고 했어요. 좋은 습관은 스스로 결정하고 행동하는 것이라는 메시지를 계속 주었어요. 스스로 결정하는 규칙적인 습관이 너의 희망이라고 계속 얘기해 주었어요,"

중학생 딸과 아들을 두고 있는 아빠는 이렇게 말한다. 필자의 생각과 거의 유사하다.

"사회생활을 해 보니 자기 관리를 잘한 사람이 인정받고 능력도 출중하더라고요. 아이들도 규칙적으로 생활하면 자기 관리를 잘하는 거고, 그러면 다른 것도 연쇄적으로 잘할 수 있다고 봅니다. 독서도 잘하고, 공부도 잘하고, 인성도 나빠질 거 같지 않고요. 자기가 하고 싶은 일도 찾지 않을까요."

이 아빠에게 당신이 어린 시절로 돌아가면 어떤 능력을 선택할 거냐고 질문했다.

"제가 자기 관리는 잘해 왔으니, 이번에는 하고 싶은 일을 마음껏 하며 살고 싶어요."

아빠는 재능을 선택했다.

아이의 올바른 습관을 위해 엄마가 알아야 할 지혜

습관이 의지만의 문제는 아니다

전문가 대부분은 어린이에게 분명한 규칙이 필요하며, 그 규칙에 따른 책임감을 기르는 것이 건강한 성장에 핵심적인 요소라고 말한다. 규칙은 어린이가 잘 알고 이해할 수 있을 때 의미가 있으며 분명할수록 좋다. 규칙을 준수하면 보상을 준다. 아이가 잘못된 행동을 하면 처음에는 경고를 하고 다시 한 번 잘못된 행동을 하면 보상을 하나 제외한다.

아이의 규칙적인 습관 형성에 가장 중요한 요소는 무엇일까? 그것은 바로 의지력이다. 건강을 비롯한 생활 습관이든, 공부 습관이든, 독서 습관이든, 경제 습관이든 아이에게 의지가 없으면 아무런 소용이 없다. 하지만 처음부터 아이 혼자 알아서 의지를 내기가 쉬울까. 아니다. 아이가 그때그때 습관을 만들어 갈 때, 혼자서 의지를 내기는 힘들다. 더구나 그 습관을 지속하기가 쉽지 않다. 어른도 어려운데, 아이는 아직 어리기 때문이다.

아이가 지속적인 의지력을 지니기 위해서는 엄마의 도움이 절실히 필요하다. 이때 엄마의 의지력도 중요하다. 아이가 올바른 습관을 지닐 수 있도록 만드는 엄마의 의지력 말이다. 아이가 초기에 습관을 형성하는 데 엄마의 말과 행동이 절대적으로 중요하다는 얘기다. 이렇게 엄마는 아이의 나이를 뒤따라가며 삶을 산다. 아이의 성장과 함께 엄마도 두 번째 성장을 한다.

의지력만 있으면 아이가 올바른 습관을 만들 수 있을까? 아니다. 의지력이 필수 조건이기는 하지만 그것만 가지고는 안 된다. 그러기에 엄마는 아이가 규칙적인 습관을 지니고 유지할 수 있는 지식과 방법을 알고 있어야 한다.

이미 길든 나쁜 습관을 고치기 위해서는 어떻게 해야 할까? 이때도 의지력만 가지면 되는 것일까? 좋은 습관을 형성하는 것처럼 나쁜 습관을 고치는 것도 의지력만으로는 힘들다.

"오늘부터 다시 일기를 써야지."

"엄마하고 약속한 휴대폰 사용 시간을 지켜야지."

"매일 30분간 복습을 꼭 해야지."

"학원 가는 시간 꼭 지켜야지."

"용돈의 절반은 저축해야지."

이렇게 아이가 마음먹고 실행한다고 하더라도 습관이 바로 바뀌지는 않는다. 이런 실천은 또다시 작심삼일이 되고 만다. 이미 어른인 엄마도 이러한 과정을 수없이 겪었다. 습관을 바꾸고자 할 때 의지력만 가지고는 안 되기 때문이다.

엄마의 예를 들어 보자. 엄마가 건강과 다이어트를 위해 1년 이상 꾸준히 헬스를 하겠다고 의지를 내었다. 엄마에게는 의지력이 있는데 중간에 여러 변수가 생긴다. 시간이 안 맞아서, 직장 생활이 힘들어서, 강사나 회원이 마음에 안 들어서, 겨울에는 추워서, 하기 싫어서 등등 말이다. 이러한 이유 중에 하나로 아니면 복합적인 이유로 헬스를 3개월 만에 그만둔다. 아이도 마찬가지다.

엄마들은 아이에게 습관을 들일 때 "참아 봐, 견뎌 봐, 노력해 봐. 의지를 내 봐."라고만 한다. 이런 말은 누구나 할 수 있다. 이것이 아이의 변화를 가져오지는 못한다. 습관을 바꾸는데 의지력이 만능열쇠라는 오해를 벗어야 한다.

의지력이 습관의 변화에서 중요한 역할을 한다는 데는 의심의 여지가 없다. 여기에만 의존하는 게 잘못되었다는 것이다. 잘못된 습관을 만들어 온 요소는 여러 가지인데 이 습관을 바꿀 전략으로 의지력만 강조하게 되면 십중팔구 실패하게 된다.

습관의 변화를 가로막는 다양한 요소가 있다는 것을 엄마는 알아야 한다. 의지력이 부족해서라고 결론 내리고 다른 가능성을 차단해 버리면 습관은 바뀌기 힘들다. 또한 지능처럼 의지력이 선천적으로 타고난 능력이라고 오해할 때 노력조차 쉽게 치부하는 경향이 있다.

올바른 습관을 지니기 위한 6가지 요소

미국 유타주에 위치한 체인지애니씽연구소(Change Anything Lab)의 연구 결과는 주목할 만하다. 체인지애니씽연구소는 10대 청소년 전문가 하이럼(Hyrum)과 함께 6학년 학생을 대상으로 실험을 했다. 연구진은 두 집단으로 나누어 실험을 진행했다.

학생들이 주어진 과제를 제대로 수행하면 40달러를 벌 수 있다. 과제는 쉬워서 학생 대부분이 40달러를 벌었다. 학생들이 실험 도중에 상점에서 40달러를 쓸 기회를 주었다.

첫 번째 집단 학생들에게는 소비를 증진하도록 했다. 그러자 이 집단의 학생들은 40달러 가운데 평균 13달러 가지고 연구소를 떠났다. 이 아이들은 자신의 돈을 낭비하게 한 보이지 않는 힘을 인식하지 못했다. 그래서 돈을 물 쓰듯 했다.

두 번째 집단 학생들에게는 절약을 부추겼다. 그러자 이 집단의 학생들은 40달러 가운데 평균 34달러를 수중에 남기고 연구소를 떠났다. 돈을 쓰지 않은 아이들은 자신들의 의지력이 강하다고 생각했다. 하지만 의지력이 다가 아니었다.

결론부터 말하면, 돈을 소비하도록 영향력을 행사하자 아이들은 돈을 소비했다. 돈을 아끼도록 영향력을 행사하자 아이들은 돈을 아꼈다.

두 집단의 실험 결과가 다른 이유는 연구진이 여섯 가지 영향력 요소를 조작했기 때문이다. 이것이 이 실험의 핵심이다. 여섯 가지 영향력 요소란 다음과 같다. 일부 요소를 이해하기 쉽게 수정했다.

1) 유혹의 순간에 목표 떠올리기 2) 새로운 기술 익히기 3) 방해자는 머리를 써서 천천히 멀리하기 4) 주변의 도움과 정보 5) 보상과 처벌 적용 6) 환경의 변화

이제 구체적으로 각각의 영향력이 어떻게 작용해서 결과가 달라졌는지 살펴보자.

1) 유혹의 순간에 목표 떠올리기

과제 수행 중에 첫 번째 집단 아이들에게 요즘 인기가 있는 사탕을 먹어 보라고 했다. 그러자 사탕을 먹고 싶다는 유혹에 쉽게 넘어가서 돈 생각은 안 하고 비싼 사탕을 샀다. 두 번째 집단 아이들에게는 나중에 40달러로 무엇을 할 수 있을지 떠올려 보라고 했다. 아이들은 자신의 목표를 떠올리며 사탕의 유혹을 이겨 냈다.

엄마는 아이에게 목표의 중요성을 늘 알려 주어야 한다. 습관을

지속할 수 없는 건 처음의 목표를 잊었거나 무관심해졌기 때문이다. 아이가 올바른 습관을 지녔으면 하는 행동에 대해서는 책상 앞에 적어 놓고 늘 보게 하거나 아이에게 반복적으로 강조해 주어야 한다.

2) 새로운 기술 익히기

두 번째 집단 아이들에게 얼마나 돈을 벌고 소비했는지 계산하고 기록하는 기술을 가르쳤다. 이러한 기술이 돈의 무분별한 소비를 막았다. 하지만 첫 번째 집단 아이들에게는 이러한 기술을 가르치지 않았다.

학교에서의 시간 관리 기술에 관해 알아보자. 아이는 학교에서 보내는 시간이 많다. 그 시간 중 5분에서 10분을 복습에 사용하게 한다. 자습 시간, 쉬는 시간, 점심시간 등 가능한 시간을 활용해 보라는 것이다. 오늘 과학 수업이 어려웠다면 쉬는 시간에 선생님이 말씀하신 내용을 중심으로 빠르게 훑어보면 된다. 이러한 직후 복습이 아니더라도 수학 한 문제 풀기, 영어 단어 한 개 외우기, 노트 훑어보기 등 여러 가지가 있을 수 있다. 이렇게 학교에서의 5분 시간 관리 기술이 습관화되면 중학교에 올라가서 규칙적인 공부 습관을 지니는 데 상당한 도움이 된다.

3) 방해자는 머리를 써서 천천히 멀리하기

첫 번째 집단 아이들 안에 아이 세 명을 투입해서 돈을 펑펑 쓰게 했다. 그러자 이 집단의 아이들도 같은 행동을 했다. 두 번째 집단 아이들에게도 아이 세 명을 투입해서 두 명은 돈을 쓰게 하고, 한 명은 돈을 아끼면서 실험 집단 아이들에게 자기처럼 하라고 하게 했다. 그러자 아이들은 돈을 절약했다.

아이가 좋은 습관을 가지려고 해도 방해자가 있으면 실천하기가 어렵다. 공부하는 데 있어서 스마트폰은 방해자다. 건강에 있어서 편식과 패스트푸드가 방해자다. 시간 약속의 방해자는 게으름이다. 이러한 방해자들이 아이가 좋은 습관을 갖추는데 안 좋은 줄 알지만 멀리하기 힘들다. 좋은 습관도 나쁜 습관도 강요하면 안 된다. 특히 나쁜 습관은 머리를 써서 천천히 고쳐 나가야 한다.

과자를 좋아하는 아이가 있었다. 아이는 밥보다 과자가 더 맛있다고 했다. 엄마와 아이는 아이의 식습관 때문에 마찰이 심했다. 어느 날, 엄마는 아이가 좋아하는 과자를 한가득 사 와서 이렇게 말했다.

"아들, 아들은 이제부터 이 과자만 먹어. 밥보다 좋다고 하니 온종일 이 과자만 먹어."

아들은 좋다며 과자만 먹었다.

다음 날에도 엄마는 과자를 한가득 사와 아들에게 내밀었다. 엄마는 마음속으로 이렇게 하는 자신의 행동이 속상했지만 아들의 식습관을 고치는 길은 이것뿐이라고 생각했다. 아들은 이틀째도 과자만 먹었다. 삼일째 되는 날도 엄마는 똑같이 했다. 아들은 이날 과자를 더는 못 먹겠다며 밥을 달라고 했다. 아들은 엄마에게 잘못했다며 두 손을 들었다.

4) 주변의 도움과 정보

두 번째 집단에 투입된 실험 공모자들은 아이들에게 이 상점에서 판매하는 물건이 터무니없이 비싸다며 10분만 기다리라고 했다. 그러면 훨씬 싼 가격에 물건을 구입할 수 있다는 충고를 했다. 그러자 아이들은 돈을 쓰지 않았다. 첫 번째 집단 아이들에게는 그러한 충고가 없었다.

이런 경험이 한두 번씩은 있을 것이다. 횡단보도의 신호등이 빨간불인데, 세 사람이 지나가면 따라가는 경험 말이다. 주변의 모든 사건은 매일 아이에게 영향을 미친다. 아이는 부모를 닮아 가듯이 친구도 닮아 간다. 부모가 검소하면 아이도 검소하다. 친구가 폭력적이면 아이도 폭력적으로 변할 수 있다. 아이에게는 좋은 선생님이 필요하다. 여기서 선생님은 부모를 비롯해서 공부를 지도하거나 아이에게 정신적으로 좋은 영향을 미치는 사람을 말한다.

지금은 대학생 아들과 딸을 둔 엄마가 있다. 어려서부터 아이들에게 저축하는 습관을 강조했는데, 딸은 용돈을 절약하고 통장에 모으는 습관이 잘 되어 있었다. 반면에 아들은 절약하지 못하고 용돈을 생각 없이 쓰는 경향이 강했다. 아들이 중학생이 되어서도 저축 습관이 고쳐지지 않자, 용돈을 아껴 쓰라며 훈계도 하고, 경제 프로그램도 보여 주곤 했다. 딸은 용돈 관리를 잘하는 편이어서 별 간섭을 하지 않았다.

그러다가 반전이 일어났다. 아들은 대학에 들어간 뒤 아르바이트를 해서 모은 돈이 2000만 원이나 되었다. 엄마가 급하게 100만 원만 빌려달라고 하면 10% 이자까지 계산해서 빌려주었다. 엄마는 그런 아들이 기특해서 원금에 10% 이자까지 쳐서 돌려주었다. 어려서는 절약하고 경제관념이 있었던 딸은 도리어 경제관념이 흐지부지 되었다. 모은 돈이 거의 없었다. 아이들은 성장 과정에서 어떻게 변할지 모르기 때문에 늘 관심과 지도가 중요하다는 것을 보여 준 사례였다.

5) 보상과 처벌 적용

첫 번째 집단 아이들에게는 돈의 사용에 대한 보상과 처벌 기준을 알려 주지 않았다. 아이들은 생각 없이 돈을 지출했다. 두 번째 집단 아이들에게는 돈 사용에 대한 보상과 처벌 기준을 알려 주었다. 아이들은 돈 사용을 줄였다.

아이에게 칭찬할 일이 있을 때 보상을 주고 반성할 일이 있을 때 처벌을 주자. 보상과 처벌을 스스로 하게 하는 방법도 좋다.

탤런트이면서 영화배우로 활동하는 김수현이 찍은 텔레비전 광고가 있다. 김수현이 운동을 열심히 하고 나서 이렇게 말한다. "목표엔 보상이 필요해."

김수현은 광고에서 운동을 열심히 하는 자신에게 보상으로 '포카칩' 한 봉지를 선물한다. 자신에게 주는 선물이다. 목표를 성취할 때마다 자신을 칭찬하면서 주는 선물이다. 더 열심히 했으면 두 봉지를 준다.

스스로 칭찬하면서 작은 선물 또는 맛있는 떡볶이와 도넛을 사주자. 스스로에게 칭찬을 많이 해 줄수록 기분 좋게 생활할 수 있다. 물론 잘못한 일에 대해서도 스스로 처벌할 수 있도록 해야 한다. 반성도 필요하다.

6) 환경의 변화

첫 번째 집단 아이들은 과자와 사탕 그림이 잔뜩 붙어 있는 방에서 과제를 수행했다. 두 번째 집단 아이들의 방에는 그러한 사진이 붙어 있지 않았다. 두 번째 집단 아이들은 돈을 소비하지 않았다.

방에 붙어 있는 세계지도, 위인 사진, 연예인 사진, 대학교 사진, TV에서 먹는 광고, 운동 광고도 아이에게 영향을 비친다.

모든 실험 대상에서 같은 결과가 나온 것은 아니다. 첫 번째 집단 즉 소비 집단 아이들 중에 한 명은 여섯 가지 영향력에 저항했다. 그 아이는 40달러 가운데 30달러를 집에 가져가는데 성공했다. 무엇이 아이를 그렇게 만들었을까?

"무슨 일이 일어날지 알았다고요. 그래서 조심했어요."

아이는 돈을 생각 없이 사용하면 어떻게 되는지 알고 있었다. 행동의 결과를 예측하면 습관을 올바르게 가질 수 있다.

좋은 습관을 지니거나 나쁜 습관을 고치기 위해서는 위의 여섯 가지 변수를 통제할 줄 알아야 한다. 이러한 여섯 가지 변수를 엄마가 이해하고 아이 교육에 활용해야 한다.

관련 연구에 의하면, 어려운 도전에 직면하기 전에 미리 규칙을 마련해 놓으면 실제로 결정적 순간이 찾아왔을 때 행동을 변화시킬 확률이 훨씬 높아진다. 규칙의 중요성을 알 수 있다. 이제 규칙적인 습관이 왜 중요한지 생각을 확장해 보자.

힘들지만 성공할 수 있는 다양성이 가장 높다

현재 습관의 합이 미래 당신 아이의 포지션을 결정한다

사막을 건너는 데 꼭 지켜야 할 규칙이 있다. 뛰어가지 말자. 쉬어 가자. 준비를 하고 가자. 엄마의 아이 교육이 여기에 해당한다. 아이 교육은 인성, 재능, 습관, 독서, 공부 이렇게 다섯 가지 능력을 키워 주는 방향이어야 한다. 어느 것 하나 소홀히 해서는 안 되고 조급하게 서둘러서도 안 된다. 쉬어 가면서 아이 발달 단계에 맞추어 적절하게 교육시켜야 한다. 아이의 기질과 아이의 수용 능력을 파악해서 다섯 가지를 강약 조절해야 한다.

우리 사회에서 인성, 재능, 습관, 독서, 공부 중 성공 가능성이 높은 능력을 고른다면 그것은 과연 무엇일까? 성공의 기준이 사람마다 다르긴 하지만, 조사에 응한 부모들은 대체로 공부와 재능 두 가지를 꼽았다. 인성, 독서, 규칙적인 습관은 그 자체가 성공의 기준이기 보다는 성공을 도와주는 중요한 역할을 한다고 생각한 것이다. 앞에서도 말했듯이 성공한 사람은 대체로 인성을 강조했다. 독서도 강조했다. 물론 규칙적인 습관도 강조했다. 여기서 규칙적인 습관은 조금 더 깊이 생각할 필요가 있는 능력이다.

규칙적인 습관, 즉 자기 관리는 성공한 사람들의 전형적인 공통점이다. 우리가 늘 접하는 일상 속에 성공의 바탕이 자리 잡고 있다. 아이가 인사하고, 봉사하고, 일어나고, 잠자고, 먹고, 운동하고, 공부하고, 독서하고, 친구를 만나는 일상생활의 작은 습관 하나하나가 아이의 미래를 결정한다는 의미이기도 하다. 엄마는 아이가 작은 일부터 스스로 습관 들일 수 있도록 해야 한다. 하나를 제대로 할 수 있으면 두세 개는 쉽다.

윌리엄 맥레이븐에게서 작은 실천의 중요성을 배울 수 있다. 2014년 모교 텍사스대학 졸업식에서 미국 해군 대장을 역임했던 윌리엄 맥레이븐의 축사가 유튜브에서 커다란 화제가 된 바 있다.

맥레이븐은 세상을 바꾸고 싶다면 이것부터 하라고 한다. “아침에 일어나면 이불부터 똑바로 개라.” 침대를 정돈하라는 말이다. 그가 대장에 오를 수 있었던 비결이기도 했다는 것이다.

맥레이븐의 연설 요지는 이렇다.

이불 개기로 그날의 첫 번째 과업을 완수하면, 다음 과업을 수행할 용기가 생긴다. 하루가 끝나면 완수된 과업의 수가 하나에서 여럿으로 쌓이게 된다. 침대를 정리하는 사소한 일이 인생에서 얼마나 중요한 일인지 알게 된다. 사소한 일을 제대로 해낼 수 없다면 큰일도 할 수 없다. 비참한 일을 당하고 집에 들어와 정돈된 침대를 볼 때 내일의 용기를 얻게 된다.

맥레이븐의 이 연설은 규칙적인 습관을 강조한 말이다. 작은 일에서부터 규칙적인 습관을 생활화하라는 것이다. 이러한 습관이 향후에 자신의 커다란 목표를 이루는 데 밑거름이 된다. 그런 의미에서 아이 교육에 시사하는 바가 크다. 당신 아이가 어려서부터 이불 개고, 방 청소하고, 운동하고, 독서하고, 공부하고 그렇게 꾸준히 실천한 습관의 합이 현재 혹은 뒷날 당신 아이의 위치(Position)를 결정한다.

작은 실천의 위대함은 이뿐이 아니다. 독립운동가 도산 안창호 선생은 교육과 신학을 배워 조국에 봉사하겠다는 일념으로 1902년 미국 유학길에 오른다. 그의 나이 스물두 살이었다. 교민들의 생활을 보면서 독립운동의 시작은 청소라는 생각을 하게 되었다. 교민들의 집을 찾아다니며 닦고, 쓸고, 깨끗이 청소해 주었다. 처음에 교민들은 어린 사람이라고 무시했지만 도산의 열정과 민족을 생각하는 마음에 동화되었다. 이러한 작은 습관, 즉 집 안과 주변을 청결하게 하는 것이 독립운동의 시작이라는 것을 동감하게 되었다. 그러면서 교민들의 삶이 변하기 시작했다. 세상의 위대한 변화는 이처럼 작은 습관에서 비롯된다.

미국 34대 대통령인 드와이트 아이젠하워는 책상 정리 습관으로 유명하다. 책상 위의 서류를 네 가지로 정리해서, 하루 일과를 마치면 책상 위에 아무 것도 남지 않았다. 아이젠하워의 정리법은 책상 정리만이 아니라 아이의 일상생활에 적용할 수 있는 유용한 습관이다.

첫째, 지금 처리할 일이다. 당장 해야 할 일을 미루지 않고 바로 처리한다. 이불 개기, 복습, 숙제 등이다.

둘째, 도움을 받아야 할 일이다. 숙제, 시험, 독서 등 엄마나 전문가에게 요청할 일이다.

셋째, 다른 사람에게 연락할 일이나 나누어서 해결할 일이다. 약속, 팀 활동, 엄마 일손 돕기 등이다.

넷째, 버려야 할 것이다. 책꽂이에 아직도 있는 지난 문제집이나 연습장, 다 사용한 볼펜이나 잡동사니를 말한다. 아이가 실천할 수 있는 미니멀리즘이라고 생각하면 된다.

콩 안 먹는 아이, 뭐가 문제냐?

아이가 공부하기를 싫어한다면 공부로 몰아붙이지 말고 규칙적인 습관에 더 비중을 두자. 공부는 아직 때가 아니라고 생각해야 한다. 아이가 규칙적인 생활의 중요성을 안다면, 때가 되었을 때 공부도 규칙적으로 하게 되어 있다.

아이에게 규칙적인 시간에 일어나기, 잠자기, 하루 세끼 규칙적으로 식사하기의 중요성은 아무리 강조해도 지나치지 않는다. 앞서 공부 능력 부분에서 사례로 나왔듯이 편식은 지혜롭게 고쳐 주어야 한다. 식습관이 공부에 얼마나 영향을 줄까 하겠지만 이건 건강과 직결된다. 특히 성장기의 어린이에게는 두뇌 건강과 밀접한 관련이 있다.

아이가 콩을 안 먹는다고 아이와 씨름할 필요는 없다. 억지로 콩을 먹일 필요는 없다. 그것이 뭐가 문제가 되는가. 콩을 안 먹으면 두부를 먹이면 된다. 파를 안 먹으면 다른 채소를 먹이면 된다. 생선을 안 먹으면 닭고기나 다른 대체 식품을 먹이면 된다.

엄마는 텔레비전과 게임에 빠진 아이 때문에 고민한다. 아이의 생활 습관 중에서 엄마가 가장 신경 쓰는 부분이다. 독서를 통해 집중력을 기르면 좋겠지만 모든 아이가 그럴 수는 없다. 이런 경우, 엄마는 어떤 태도를 견지해야 할까?

텔레비전 시청이 무익한 것만은 아니다. 무조건 텔레비전이 바보상자라고 몰아붙이는 주장은 설득력이 떨어진다. 이런 말이 있다.

'지구상의 많은 아이가 텔레비전을 통해서 유익한 정보를 배운

다. 텔레비전을 통해 배울 수 없는 한 가지가 있다면 그것은 스스로를 통제하는 것이다.'

이것은 부모가 적절히 통제해 주면 된다.

게임도 마찬가지다. 게임에 몰입하는 것이 나쁜 것만은 아니다. 아이가 글을 배우기 전에 유익한 게임으로 집중력을 높일 수 있다. 로런스 커트너와 셰릴 올슨은 하버드대학교 연구자들이다. 이들은 중학생을 대상으로 한 실험에서 청소년 대부분에게 비디오게임이 그다지 유해하지 않다는 결과를 얻었다. 악기 연주, 각종 운동 등 여러 취미 활동에서 얻는 이득을 게임에서도 얻을 수 있다는 것을 알아냈다.

복잡한 게임에서 이기려면 먼저 집중을 해야 한다. 복잡한 규칙도 익혀야 한다. 목표를 이루기 위한 정확한 단계도 밟아야 한다. 게임은 단순히 텔레비전을 보는 것보다 훨씬 복잡한 훈련이 필요하다. 게임 비판 이론 대부분은 만화책의 유해함을 경고하는 것만큼이나 과학적인 근거가 없다. 게임에 사로잡힌 아이를 나무라기보다는 게임 디자이너가 개발한 기술이 어떤 것인지 먼저 살필 줄 아는 지혜가 엄마에게 필요하다.

대체로 게임 중독이 있는 아이들은 가정에 문제가 있는 경우가 많다. 머리가 희끗한 중년 신사가 성인 아들을 데리고 심리상담사를 찾아왔다. 아들의 게임 중독 때문이었다. 다 큰 아들을 데리고 온 아버지 마음이 얼마나 아팠을까. 심리상담사는 아들이 솔직하게 얘기할 수 있도록 아버지를 나가게 한 다음에 얘기를 들었다. 아들이 어려서부터 게임에 빠진 이유는 아버지의 권위 의식 때문이었다. 심리상담사는 얼마나 힘들었느냐며 아들의 마음을 이해하고 위로해 주었다. 동시에 아버지의 삶도 이해를 해야 하며, 여기에 아들 손잡고 오기까지 얼마나 마음이 아팠을지 헤아려야 한다고 말했다. 그러지 아들의 두 눈에서 눈물이 흘렀다.

아이의 습관과 효과적인 보상책

아이에게 규칙을 가르쳐야 하는 습관이 있다. 크게는 공부 습관, 독서 습관, 건강 및 생활 습관, 시간과 돈에 관련된 습관이다. 아이의 올바른 습관과 보상은 어떤 관계가 있고 어떻게 하는 것이 효과적일까?

아이에게 이런 제안을 해 보자.

"한 달 뒤 시험에서 성적이 오르면 선물을 사 주겠다."

"오늘 한 시간 동안 수학 복습을 하면 용돈을 주겠다."

어느 것이 효과적인 제안일까? 아이에게는 어느 쪽이 효과가 있을까?

한 달 뒤에 있을 미래의 기대보다는 당장 공부하고 용돈 받는 것이 아이들에게는 효과적이다.

이것을 경제학적 접근법으로 입증한 사람이 하버드대학교의 롤랜드 프라이어 교수다. 그는 학생 3만 6000명을 대상으로 한 대규모 실험에서 먼 장래보다 가까운 장래에 보상과 보너스 같은 금전적인 유인책을 제공함으로써 다양한 습관을 형성할 수 있음을 증명했다.

당장 숙제를 하고, 책을 읽고, 준비물을 챙기고, 교복을 단정히 입고, 자기 방을 청소하는 일에 보상을 주자. 먼 장래의 이익이 아닌 가까운 장래의 이익을 이용해서 아이에게 습관을 유도하는 것이다.

이런 실험도 있었다. 한 집단의 학생들에게는 성적이 오르면 용돈을 주겠다고 했다. 다른 집단의 학생들에게는 규칙을 잘 지키면 용돈을 주겠다고 했다. 이들의 학업 성적의 결과는 어떻게 나타났을까? 이 실험에서 놀라운 사실은 '규칙을 잘 지키면 용돈을 받는 학생들'의 성적이 더 올랐다는 점이다. 아이들에게 규칙을 제시하고 그것을 지킬 때마다 적절한 보상을 해 주자. 이러한 작은 습관들이 모여서 성인이 되었을 때 성공할 수 있는 동력이 된다.

심리학자 아네트 오토의 연구도 마찬가지다. 아네트 오토는 아이들이 즐기는 놀이를 관찰했다. 아이들은 사고 싶은 장난감을 위해 돈을 모으지만, 장난감 가게로 가는 동안 다른 유혹에 빠져 돈을 써 버리는 것을 보고 저축이 쉽지 않다는 것을 확인했다.

아이가 돈의 사용을 적절히 하기 위해서, 부모는 아이에게 통장을 만들어 주거나 일정한 목표를 정하고 그에 따른 보상을 해 주는 것이 좋다.

연구에 따르면 통장을 가진 어린이가 성장해서 저축할 확률이 그렇지 않은 아이보다 더 높다고 한다. 부모와 함께 돈 문제를 의논하는 경우도 마찬가지다.

그렇다고 모든 아이가 규칙을 잘 준수하고 따르는 것은 아니다. 어른도 그렇듯이 규칙에 얽매이는 것을 싫어하는 아이도 많다. 어떤 아이에게는 규칙에 대한 보상 효과가 없을 수도 있다. 자유로운 기질을 지닌 아이에게는 너무 규칙에 얽매이게 하는 것도 안 좋다. 규칙을 지키기 힘들어 하는 아이도 반드시 지켜야 하는 기본적인 규칙이 있다. 이러한 규칙 외에는 아이를 자유롭게 놔두어야 한다. 단, 자신의 행동에 책임을 지는 습관을 지니게는 해야 한다. 지킬 수 있는 규칙부터 시작해도 된다.

보상과 처벌 시스템은 일찍부터 설정하는 것이 좋고, 아이에게 그 이유를 정확하게 설명해야 한다. 목표를 물어보고 확인한 다음에 규칙을 준수할 때마다 보상을 준다. 아직도 금전적 보상이 효과적이다, 부정적이다 하는 찬반양론이 있다. 좋은 성적을 받았다고 무턱대고 돈을 주는 것은 삼가자. 아이에게 적용해서 긍정적 효과가 나타나면 보상을 계속하면 된다. 중요한 것은 일관성 있게 하고, 남다른 노력이나 목표를 성취한 경우에 금전적 형태가 아니더라도 다른 형태의 보상을 해 주는 것이다.

일상생활의 규칙을 잘 지키고 작은 습관이 몸에 배게 하는 과정이 모여서 목표를 성취하는 습관으로 이어진다. 즉 꾸준히 노력하는 습관이 목표 성취로 이어진다는 말이다. 이것은 스스로 정한 또 다른 목표에 대한 열정이 습관으로 이어지는 릴레이와 같다. 공부할 때는 공부 습관으로, 독서할 때는 독서 습관으로, 인간관계에서는 인성 습관으로 발현된다.

엄마는 아이를 뛰어난 인재로 키우고 싶어 한다. 남들이 모르는 특별한 방법이 있는 것이 아니다. 아이가 규칙적인 습관을 받아들이고 작은 일부터 스스로 하게 하면 된다. 누구에게나 공평한 시간 속에서 아이가 어떻게 규칙을 정하고 실천하느냐에 따라 결과가 달라진다.

제4장

하고 싶은 일을 하며 살게 해 주고 싶다

- 재능 2위

희망 이론

- 재능을 만드는 보이지 않는 손, 희망

아이가 꿈꾸는 희망은 어디에서 올까?

당신의 어린 시절을 회상해 보라. 작은 희망부터 큰 희망까지 셀 수 없이 희망이 당신을 찾아왔다. 엄마, 아빠에게서 받은 칭찬과 용기를 통해서 또는 이웃집 언니나 형이 명문대에 진학한 모습을 보며 희망을 품기도 했다. 텔레비전에 나오는 연예인을 보며, 롤 모델을 통해, 책에 등장하는 인물에 감동해서 희망을 가졌다.

그 희망이 얼마나 만족되었나요?

그 희망이 아직도 살아 있나요?

무엇보다 인생에서 하고 싶었던 일을 하고 있나요?

이런 의문을 품기도 한다. 하고 싶은 일을 하고 사는 사람은 뭔가 특별함이 있을까? 거기에 세계적인 명성을 얻었다면 그것은 타고난 유전자 때문일까? 그 사람은 도대체 어떻게 희망을 품고, 그 희망으로 어떤 노력을 했기에 세계적인 명성을 얻을 수 있었을까?

부정할 수 없는 사실이 있다. 성공한 사람이 보통 사람과는 다른 특별한 그 무엇을 가지고 태어나지는 않았다는 것이다. 단지 보통 사람들이 성공한 사람을 특별한 눈으로 바라볼 뿐이다. 이제 당신 아이에게로 돌아가 보자. 희망에 관한 이야기부터 시작해 보자.

어느 날 당신 아이가 수학 시험에서 100점을 맞겠다고 한다. 어떤 아이는 이제부터 독서를 열심히 하겠다고 한다. 어떤 아이는 비행기 조종사가 되고 싶다고 한다. 어떤 아이는 발레리나가 되고 싶다고 한다. 이 아이들은 혼자서 이런 생각을 했을까? 당신이 어린 시절 품었던 희망처럼 아이의 이런 희망이 자발적으로 생겨났을까?

당신이 경험해서 알고 있듯이 희망은 결코 아이 혼자 만들어 내지 못한다. 희망은 외부로부터 자극이 왔을 때 그때야 비로소 움직인다. 수학 시험에서 100점을 맞겠다는 아이는 친한 친구가 성적이 오르는 것을 보고 그 같은 결심을 한다. 독서를 열심히 하겠다는 아이는 책을 소리 내어 잘 읽는다는 선생님의 칭찬 때문에 그런 결심을 한다. 비행기 조종사가 되고 싶다는 아이는 멘토링 프로그램에서 비행기 조종사의 강의를 듣고 파일럿이라는 희망을 품는다. 발레리나가 되고 싶다는 아이는 엄마가 발레리나였다.

아이가 무엇이 되겠다거나 무엇을 이루겠다는 희망은 이렇게 조력자가 있어야 한다. 조력자란 동기를 부여해 주는 역할을 하는 사람이다. 체계적으로 교육해 줄 수 있는 사람이기도 하다. 조력자는 가장 가까운 부모부터 친구, 교사, 전문가 등 다양하다. 처음 만나는 사람도 조력자가 될 수 있다. 그 사람에게서 강력한 희망의 메시지를 받는다면 말이다. 조력자가 꼭 사람만을 의미하지는 않는다. 책이나 텔레비전 프로그램이 조력자가 될 수도 있다. 자연도 될 수 있고 동물도 될 수 있다.

희망을 받아들이는 자세가 남달랐던 아이

다음 인물을 통해 희망이 어떻게 자신의 인생에서 구체화되는지 살펴보자. 〈가이드포스트(Guideposts)〉에 실린 커버스토리를 발췌 요약한 내용으로, 한 아이가 성장하면서 어떻게 희망을 훔쳐서 받아들이고 성장해 가는지 알 수 있다.

〈첫 번째 희망〉 조력자: 클럽의 빌리 토머스 / 동네 선배 거스 윌리암스

아이의 아버지는 목사였고 어머니는 미용사였다. 부모는 늘 자식 뒷바라지에 바빴다. 아이는 어린 시절 보이즈 클럽에서 시간을 보냈다. 클럽에는 빌리 토머스라는 사람이 있었다. 그 사람이 좋아서 그 사람의 말과 행동을 따라했다. 빌리의 혁신적인 일 중 하나는 클럽 대강당에 대학교 깃발을 걸어 두는 것이었다. 이 클럽 출신이 대학에 들어가면 교기(校旗)를 보내 오고, 그것을 벽에 걸어 두었다. 소년은 벽에 걸린 수많은 대학교 이름을 보면서 '무슨 일이든 가능하구나.'를 마음에 새겼다. 또한 동네의 거스 윌리엄스라는 2년 선배가 대학교에 들어가서 교기를 보내 오자 그것을 보면서 '거스가 할 수 있다면 나도 할 수 있어.'라는 마음을 품었다.

〈두 번째 희망〉 조력자: 어머니의 미용실에서 처음 본 여자

대학 학점이 1.7로 퇴학을 당했다. 어머니가 운영하는 미용실에 앉아 있는데, 머리를 말리던 여자가 이렇게 얘기한다.

"소년이여, 너는 세계를 돌아다닐 거야. 그리고 수백만 명의 사람들에게 영향을 줄 거야."

얼마 전 퇴학을 당하고, 육군 입대를 알아보는 중에 처음 보는 중년 여성에게 이런 말을 들었다.

'뭐 이런 이상한 여자가 있어.'라고 생각한 것이 아니라, 이 말은 항상 그의 곁에 있었다. 희망이 되었다. 그 말이 그를 보호했고, 그 말에서 길을 배웠고, 소년은 변화했다.

결국 여자의 말대로 이 소년은 뒷날 세계를 돌아다니면서 수백만 명에게 이야기하는 사람이 되었다.

〈세 번째 희망〉 조력자: 영어 교사 밥 스톤

소년은 앳된 모습에서 완숙한 청년이 되었다. 영어 교사인 밥 스톤이 연극 프로그램에 관여했는데, 청년의 재능을 알아본 것일까. 대학원에 추천서를 써 주었다. 그가 쓴 내용은 이러했다. '귀 학교가 이 젊은이를 길러 낼 재간이 없다면 그를 받아들이지 마십시오.' 청년은 그 추천서를 백 번은 더 읽었다. 그때마다 이런 생각이 들었다. '그가 나를 이토록 좋게 생각하는데 그렇다면 나도 그 말에 걸맞게 살아야지.'

그가 청년에게 희망의 불씨를 지펴 준 셈이다. 청년은 수년 동안 추천서를 주머니에 지니고 다녔는데 현재까지 가지고 있다. 일이 힘들어질 때마다 추천서를 다시 꺼내 읽는다.

이 청년이 바로 미국의 성공한 흑인 영화배우 덴젤 워싱턴이다.

덴젤 워싱턴은 퇴학당한 모교 강의에서 이렇게 말했다.

"크게 실패하라. 실패를 무서워하지 마라. 당신이 갈망하는 일을 하라. 인생은 한 번뿐이다. 정해진 틀을 벗어나는 것을 두려워하지 마라. 큰 꿈을 이루기 위해 끈기와 노력으로 전진하라. 이런 저런 일을 많이 한다고 많은 것을 이루는 것은 아니다. 중요한 것은 내 꿈을 이룰 목표와 계획이다."

덴젤 워싱턴의 연설은 희망을 갖고 그 희망에 걸맞는 노력을 하라는 것이다.

모든 아이가 희망을 품는다고 그 희망을 자기 것으로 만들지는 못한다. 희망을 받아들이는 강도가 다르기 때문이다. 똑같은 희망의 말을 들어도 어떤 아이는 잔소리로 받아들인다. 어떤 아이는 위로와 격려로 받아들인다. 어떤 아이는 군인의 총처럼, 요리사의 칼처럼 받아들인다. 어떤 아이에게 희망은 추상명사일 따름이지만 어떤 아이에게 희망은 인생을 바치게 하는 열정 명사다. 같은 이야기를 들어도, 같은 책을 읽어도, 같은 영화를 봐도 받아들이는 희망의 크기가 다르다. 아이가 성장하는 동안 엄마가 아이에게 어떻게 희망을 심어 주는 지가 중요하다.

하고 싶은 일을 하며 그 속에서 우뚝 선 사람은 무엇이 다를까? 희망을 이루지 못한 사람과 희망을 성취한 사람의 차이는 무엇일까? 늘 이 의문이 꼬리표처럼 따라다닌다.

간절한 희망을 자기 것으로 만드는 능력을 우리는 재능이라고 부른다. 재능은 태어나면서 가지고 나오는 선물이 아니다. 아이가 성장하면서 다른 사람이 준 메시지, 행동, 교육 등을 훔쳐서 자기 것으로 만드는 능력이다. 이 능력의 차이가 재능의 차이다.

여기서 훔친다는 표현은 남의 물건을 훔치는 도둑질을 뜻하는 것이 아니다. 남이 볼 수 없는 부분을 먼저 보는 능력이다. 훔치기는 모방이라는 말과 어울린다. 뛰어난 모방도 재능이고, 불굴의 노력도 재능이다. 큰 성공 뒤에는 모방과 노력이 있다. 모방은 훔치기고 노력은 땀이다. 모방하는 재능이 없으면 아이디어가 나올 수 없고, 노력하는 재능이 없으면 노력조차 할 수 없다. 재능이 타고난 선물이라는 생각은 버려야 한다.

그렇다면 무엇 때문에 모방하고 노력하는가? 그것은 목표 때문이다. 설정한 목표를 이루려는 어떤 열망 때문인데, 이 열망이 바로 희망이다. 희망을 이론화한 심리학자 릭 스나이더는 사람이 희망을 품으려면 세 가지 요소가 필요하다고 말한다. 명확한 목표, 새로운 해결 방법, 목표를 달성할 수 있다는 믿음이 이 세 가지 요소다.

목표는 희망과 불가분의 관계를 형성한다. 목표가 성취될 수 있다는 기대로부터 희망이 생긴다. '목표 성취 = 희망'이라고 생각하면 된다. 이것이 희망 이론의 핵심이다. 이것은 아이나 어른이나 동일하다. 결국 희망이 있기 때문에 목표도 있고 모방도 노력도 있는 것이다. 희망이 없으면 모방도 노력도 하지 않는다. 명확한 목표를 세우기 위해서는 앞서 말한 조력자가 필요하다. 당신은 아이가 명확한 목표를 가질 수 있도록 도와주어야 한다. 작은 일부터 목표를 세우게 하자.

새로운 해결 방법과 목표를 달성할 수 있다는 믿음, 즉 노력은 실질적으로 당신 아이의 몫이다. 조력자의 도움과 남들과는 다른 노력이 있어야 희망은 이루어진다. 현재 덴젤 워싱턴의 모습은 조력자가 준 희망과 본인의 노력이 만들어 낸 결과다. 스스로 재능을 만들어 낸 것이다.

또 다른 모방과 노력의 대표적인 경우가 스티브 잡스다. 스티브 잡스는 1979년 제록스의 '팔로알토' 연구소를 방문한다. 거기서 그래픽 사용자 인터페이스(GUI)를 보고 잡스는 어떤 강렬한 희망을 보았다. 이러한 희망은 목표와 연결되었고, 결국 열정적인 노력으로 GUI 환경을 갖춘 최초의 PC인 매킨토시(Macintosh)를 만들었다. 팔로알토 연구소에서 얻은 아이디어를 새롭게 연결하고 통합해서 새로운 제품을 만들어 냈다고 할 수 있다. 잡스도 이러한 사실을 인정한 바 있다.

다시 강조하지만, 재능은 타고난 것이 아니다. 엄마 배 속에서 가지고 나오지 않는다. 선천적인 재능, 이런 것은 없다. 아직도 '재능은 타고난다.'라고 주장하는 학자가 있다. 하지만 그들도 그 주장을 증명하지 못한다. 원래부터 비행기 조종사의 재능을 타고난 아이는 없다. 발레리나의 재능을 타고난 아이도 없다. 독서 잘하는 능력을 가지고 태어난 아이도 없다. 공부 잘하는 재능을 타고난 아이도 없다. 덴젤 워싱턴처럼 처음부터 배우의 재능을 타고난 사람도 없다. 지속적인 내면의 동기 유발과 노력만이 재능을 만든다.

재능은 관심, 지속성, 관찰력, 기억력, 노력의 조합이다

피겨스케이팅에서 보통 수준의 선수와 최상급 수준의 선수를 조사한 결과를 보면 재능이 선천적이 아니라는 것이 명확해진다. 보통 수준의 선수는 이미 자기가 할 수 있는 점프 연습을 하는 데에 많은 시간을 할애한다. 반면에 최상급 선수는 자기가 부족한 기술을 연마하는데 많은 시간을 쏟아 붓는다. 이러한 노력의 차이가 재능의 차이를 만든다.

나는 이 책을 쓰면서 다양한 연령, 학력, 직업을 가진 부모들을 만났다. 이들 중에는 아직도 타고난 재능이 있다고 믿는 부모가 상당했다. 어떤 아이든 한 가지 재능은 가지고 태어난다고 확신한다. 타고난 재능이 있다고 믿는 사람은 인성이 아무리 좋아도 최고로 올라가지 못한다고 확신한다. 공부도 올라가는 데 한계가 있다고 말한다. 무슨 근거로 그렇게 확신하느냐고 물어보았다. 대체로 이런 대답이 돌아왔다.

"그런 사람은 보통 사람하고는 다르잖아요. 타고나지 않고서야 어떻게 그렇게 될 수 있겠어요."

과연 그럴까?

미국의 교육심리학자 벤저민 블룸의 연구가 위와 같은 대답에 경종을 울린다. 블룸은 반 클라이번처럼 국제 대회에서 한 번 이상 최종 후보에 오른 적이 있는 피아노 연주자 24명을 조사했다.

이들은 어릴 때부터 피아노를 치고 싶은 열정에 사로잡힌 아이들이 아니라 정반대로 억지로 연습했던 아이들이다. 수영에서 세계를 제패한 선수의 부모 또한 그들의 자식이 성공하리라고 예상하지 못했다.

재능은 초기에 관심에서 시작한다. 아이가 어떤 것에 관심이 있어 한다면 그 관심은 일회성이 아니어야 한다. 관심이 지속성이 되면 세심한 관찰로 이어진다. 관심이 절정에 달하면 놀라운 관찰력과 탁월한 기억력이 조합되어 그 다음부터는 부단한 노력으로 이어진다. 이렇게 해서 재능이 만들어진다. 재능은 유전이 아니라 차별화된 노력으로 만들어지는 것이다.

여기서 잠시, 노력이 아이의 행동에 어떤 영향을 미치는지 살펴보자.

2017년 9월 22일, 국제 학술지 〈사이언스(Science)〉에 흥미로운 실험 결과가 실렸다. 어른의 행동을 보는 유아의 반응을 알아보는 실험이다. 세 그룹으로 나누어 실험하였다.

첫 번째 그룹 유아에게는 노력하는 모습을 보여 주었다. 어른이 상자에서 장난감을 꺼내고 힘겹게 분리하는 것 같은 노력하는 모습을 보여 주었다. 두 번째 그룹 유아에게는 노력 없이 바로 성공하는 모습을 보여 주었다. 장난감을 쉽게 꺼내고 분리하는 모습이었다. 세 번째 그룹 유아 앞에서는 아무런 행동도 하지 않았다.

결과는 어떠했을까? 첫 번째 그룹 유아의 인내, 끈기가 상대적으로 높다는 결과가 나왔다. 음악을 듣기 위해 버튼을 누른 횟수가 상대적으로 높게 나왔다. 어른의 행동을 관찰하고 모방해서 스스로 노력하는 모습을 보인 것이다. 그동안 끈기나 인내는 타고난 성향이라고 믿어 왔다. 이러한 믿음에 새로운 도전장을 던진 실험이라 할 수 있다. 즉 '어른의 행동을 통해 인내와 끈기가 길러진다'로 기존의 믿음이 수정되어야 할 판이다.

당신이 노력하는 모습을 보여 주면 줄수록 아이는 거기서 재능의 싹을 틔운다. 당신이 관심 있어 하는 공부도 마찬가지다. 아이는 부모에게 일반적인 유전자를 물려받는다. 하지만 바뀔 수 있는 후생유전물질 또한 물려받는다. 언어, 아이디어, 태도는 물려받지만 얼마든지 이것들이 바뀔 수 있다는 점에서 후천적 노력의 중요성을 다시금 상기할 수 있다.

무엇을 했을 때 가슴이 뛰는지 알게 해 주고 싶어요

당신은 이미 알고 있다. 살면서 하고 싶은 일을 못 찾고 사는 일이 얼마나 답답한지 말이다. 또한 하고 싶은 일을 못하며 사는 일이 얼마나 후회스러운 지도 알고 있다. 내가 하고 싶은 일을 포기하고 부모가 원하는 일을 하면서, 이 길이 내 인생이 아님을 경험했을 수도 있다. 자의에 의해서든 타의에 의해서든 하고 싶은 일을 못하면 늘 불만족스러운 삶이 된다. 이것은 공부를 못했거나 책을 많이 읽지 못한 것과는 다른 차원이다. 이런 이유로 재능을 선택한 부모는 자기 자식이 평생 남의 인생을 사는 느낌으로 살지 않기를 바란다. 이것이 진정 부모의 마음이다.

한 번뿐인 인생에서 자신이 하고 싶은 일을 열정적으로 하며 산다는 건 축복임에 틀림없다. 학교 다닐 때는 공부 잘하는 일이 최고였는데 부모로 살다 보니 공부가 다가 아니라는 사실도 점점 깨닫는다. 그래서 재능을 선택한 부모는 할 말이 많다. 재능을 선택한 부모는 어떤 얘기를 하고 싶은 것일까? 이제부터 그들의 마음속으로 들어가 보자.

하고 싶은 일을 찾으면 다른 능력도 갖출 수 있다고 믿는 엄마는 이렇게 말한다.

"하고 싶은 일이 명확한 아이의 특징이 뭔지 아세요? 스스로 잘 통제할 줄 안다는 겁니다. 스스로 통제할 줄 알기에 인성도, 규칙도, 공부도, 독서도 뒤처지지 않아요."

이 엄마는 중학교에 다니는 자녀 두 명을 두었다. 아이들이 어렸을 때부터 다양한 경험을 시키며 하고 싶은 일을 찾게 해 주었다. 현재 아들은 군인이 되겠다고 하고 딸은 방송국 PD가 되겠다고 한다. 엄마의 의견을 보충하면 이렇다. 스스로를 잘 통제할 수 있게 되면 바른 사람으로 성장한다. 남에게 피해를 주지 않게 된다. 즉 인성이 갖추어진다. 자연스레 자기 관리 능력도 생긴다. 책임감이 늘 따라다니기 때문에 자신이 선택한 일에 최선을 다한다. 하고 싶은 일을 하려면 공부를 해야 한다는 사실도 깨닫는다. 자신이 하고 싶은 일과 관련한 책도 많이 읽게 된다. 무엇보다 인생을 즐기면서 살게 된다. 하고 싶은 일을 하게 되면 스스로 행복해져서 행복한 인생을 살게 된다. 정말 이렇게만 살 수 있다면 얼마나 행복한 삶이겠는가?

유아와 초등학생 아이를 둔 엄마로서 진지함이 묻어나는 고백도 들어 보자.

"나는 지금도 마음 깊이 생각하고 있어요. 내가 무엇을 하고 싶어 하는지를 말이죠. 무엇을 하면 가슴이 뛰는지 알아요. 우리 아이들도 본인들이 진정 하고 싶은 게 무엇인지 알기를 바라고 있어요. 그래서 자기가 하고 싶은 일을 잘할 수 있는 능력을 길러 주고 싶은 거죠. 부모라면 모두 그렇지 않을까요? 하고 싶은 일이 있다는 것 자체가 행복한 일인데, 거기다 그것을 탁월하게 잘하는 능력이 있다면 아이는 더없이 행복한 인생을 살게 되겠죠. 나는 우리 아이가 꼭 그렇게 살기를 원해요."

다섯 가지 능력을 조목조목 점검해 가며 재능을 선택한 이유를 설명한 엄마의 얘기도 들어 보자.

"인성은 가정이 화목하면 신경 쓰지 않아도 됩니다. 굳이 어느 누구에게나 칭찬받을 필요는 없다고 봐요. 기본적인 인성만 가지고 있으면 남에게 피해는 주지 않으니까요. 공부요? 공부가 인생의 전부는 아닙니다. 꼭 1등만 고집할 필요는 없어요. 학생으로서의 본분만 잊지 않으면 된다고 생각해요. 책은 많이 읽을수록 좋다고 봅니다. 경우에 따라서 자신에게 필요한 정보나 지식을 주는 책 정도만 읽어도 되지 않을까요? 규칙적인 습관으로 건강에 신경을 써야 하는 건 사실입니다. 작금의 시대가 그렇게 하기 힘들게 하지만, 본인이 조금씩 노력하면 될 거라 봅니다. 하고 싶은 일을 잘하게 해 주는 능력은 부모가 해 줄 수 있는 한계가 있잖아요. 노력도 필요하지만 타고나야 하는 부분도 있는 거고."

이 엄마는 재능이 타고나는 능력이라 믿고 있었다. 이런 믿음이 엄마 역할을 한계 짓게 만들 수 있다. 다음 아빠도 마찬가지다.

20대 아들과 딸을 두고 건축업에 종사하는 아빠도 재능을 선택한 이유에 관해 이렇게 답하였다.

"인성, 규칙적인 습관, 독서 능력, 공부는 후천적 노력으로 얼마든지 가능하죠. 하지만 재능은 선천적으로 타고나야 해요. 그래서 나도 재능을 선택한 겁니다. 내 자식에게 주고 싶은 선물로 이만한 게 어디 있겠어요?"

위의 엄마, 아빠처럼 이 책을 쓰기 위한 자료 조사 과정에서 재능을 특별한 능력이라고 생각하는 부모를 어렵지 않게 만났다. 필자가 다섯 가지 능력 중에서 어떤 능력을 아이에게 주고 싶으냐는 질문에 이렇게 반문하는 엄마도 있었다.

"이 질문에 무슨 함정이 숨어 있는 건 아니죠? 인성, 규칙적인 생활 습관, 독서, 공부에 비해서 재능이 월등히 좋은 조건이잖아요. 노력으로 안 되는 일이 있잖아요."

인생의 대부분을 하고 싶은 일을 하며 사는 것만큼 큰 행복은 없다고 생각한다면 충분히 이런 생각을 할 수 있다. 생각의 차이일 수 있지만 재능이 다른 능력에 비해 월등히 좋은 조건일 수 있다.

하지만 선천적·후천적 구별로 재능을 이해하고 있다면 생각을 바꾸어야 한다. 애초에 함정 같은 건 없었다.

재능이 선천적이라고 믿는 부모의 생각에 조금 더 들어가 보면 다음과 같다.

예술, 비즈니스, 방송, 교육 등 각 분야에서 최고를 달리는 사람이 공통적으로 가지고 있는 게 무엇일까? 존중받을 만한 성품일까? 아니다. 가끔 윤리적, 도덕적으로 우리를 실망시키는 연예인이 있다. 공부일까? 이것도 아니다. 정규 고등학교나 대학을 졸업하지 못한 사람도 있다. 독서일까? 독서가 성공의 한 요인은 될 수 있을지언정 성공을 보장하는 건 아니다. 규칙적인 생활 습관일까? 가능성이 많지만 최고를 만드는 능력이라고 하기에는 선뜻 "네"라고 하기가 그렇다. 하나 첨가하자면, 화목한 가정 환경일까? 아니다. 불우한 환경에서 불굴의 의지로 최고에 오른 사람도 있다. 그러면 뭐란 말인가? 그것은 다름 아닌 재능이다. 인성으로, 공부로, 독서로, 성실 등으로 최고의 위치에 올라가는 건 한계가 있다. 특히 사회적으로 연륜과 경험이 많은 사람은 이 재능의 무서움을 인식하고 있다. 아무리 날고 기어도 타고난 재능을 갖춘 사람과는 경쟁이 안 된다는 것이다.

재능은 성공으로 가는 열쇠임에는 틀림없다. 같은 일을 하더라도 자기가 하고 싶어서 하는 사람을 당하지는 못한다. 자기가 하고 싶은 일이고 남다른 노력까지 한다면 그 사람을 따라잡기가 힘들다. 어느 분야를 막론하고 말이다.

앞에서 재능이 무엇이고 어떻게 만들어지는지 설명했다. 재차 강조하지만 재능은 인성, 공부, 자기 관리, 독서처럼 노력으로 완성되는 능력이다. 이것을 이해하고 있어야만 아이들의 진로 교육을 효과적으로 할 수 있다. 그런 면에서 재능 향상을 위한 교육의 효과는 위대하다.

러시아의 심리학자 레프 비고츠키와 그의 동료들은 특정 분야에 관한 어린이의 재능을 향상시키기 위한 실험을 했다. 어린아이는 오랫동안 가만히 있지 못했지만, 자신이 경비 역할을 한다고 생각하면 인내심이 강해졌다. 상점에 가서 사 올 물건을 외운다고 생각하면 단어를 훨씬 쉽게 암기할 수 있었다.

다른 네 가지 능력과 차별화해서 재능을 강조한 엄마의 얘기를 들어보자.

"건강이 중요하겠지만 하고 싶은 일을 잘하려면 알아서 건강을 챙기리라 믿어요. 공부는 1등이 아니어도 좋아요. 설사 책에 관심이 없을지라도 다른 곳에서 지혜를 찾을 수도 있을 거예요. 인성이 가장 근본이 되는 지라 신경이 쓰이지만, 부모의 인성만큼만 물려받기를 기도해 보려고요."

중학교 남학생 두 명을 두고 출판사 간부로 있는 아빠도 재능을 선택했다. 이 아빠는 오직 공부를 목표로 살아가는 아이를 보면 불행하다고 느낀다. 요즘 학생들은 뭘 하고 싶은 지도 모른 채 공부에 치여 산다. 지쳐 있다. 자신도 어린 시절로 돌아가면 재능을 선택할 거라고 말한다. 만화가가 되는 게 이 아빠의 꿈이었다.

이 아빠에게 이렇게 질문해 보았다.

"재능은 있는데 인성이 삐뚤어졌다면, 이것은 어떻게 생각하십니까?"

"그건 사회적인 문제고 개인은 행복하지 않을까요. 자기가 하고 싶은 일을 하기 때문이죠."

이 아빠와 비슷한 생각을 하는 사람이 적지 않았다. 비슷한 생각을 하는 엄마의 독특한 주장을 들어 보자.

"저도 재능을 선택했어요. 제 선택에 부연 설명을 드리자면 인성이 중요하기는 한데, 다른 이들에게 칭찬받는 품성이 본인의 행복과는 큰 관련이 없을 수도 있다는 생각이 들어 재능을 선택했어요. 이기적일수도 있는 선택이죠."

이 아빠나 엄마의 대답을 보충하면 이렇다. 이들의 생각은 다소 위험할 수 있다. 남에게 피해를 주어도 혹은 남들이 어떻게 생각하든 자기가 하고 싶은 일만 하면 되지 않느냐는 생각일 수 있기 때문이다.

부모로서 아이 장래를 생각할 때 속상한 경우가 있다. 커 가면서 하고 싶은 일이 딱히 없는 아이들 때문이다. 부모로서는 답답한 일이 아닐 수 없다. 그것을 찾아 주려고 어릴 때부터 다양한 체험을 시키고 학원도 등록해 보지만 소용이 없다. 경제적으로 부유한 어떤 부모는 아이를 해외여행도 몇 차례 보내고, 외국에서 공부도 시켜 보지만 딱히 적당한 방법을 찾지 못했다. 내년에 대학을 가야 하는데 어찌해야 하나 고민이 깊다.

우리 사회에는 대학을 졸업해도 하고 싶은 일을 찾지 못하는 청년들이 수두룩하다. 이것을 잘 아는 부모는 일찍부터 진로에 대해서 아이와 많이 대화하고 고민한다. 공부를 계속하면서 찾으리라는 희망도 놓지 않는다.

이미 성인이 된 남매를 두고 있는 아빠의 얘기를 들어 보자.

"친구 자랑은 아니지만 제 주변에 다섯 가지 능력 중에서 한 가지씩 탁월한 친구들이 몇 명 있어요. 인성이 훌륭한 친구도 있고, 공부를 잘했던 친구도 있고, 독서라면 뒤지지 않는 친구도 있어요. 자기 관리를 잘해 유능한 CEO가 된 친구도 있지요. 재능이 뛰어난 친구도 있고요. 하지만 그들에게도 부족한 게 있어요. 이런 친구가 있어요. 공부로 전라남도에서 1등해서 과학고에 갔어요. 월반해서 2년 만에 카이스트에 가고 MIT에서 MBA까지 하고 왔는데, 사회성이 없어서 얼마 전에 명예퇴직했어요. 그 친구는 진로를 잘못 정한 거죠. 학자나 연구원을 하면 잘했을 텐데, 증권사에서 애널리스트를 했거든요. 제 생각은 자기에게 맞는 옷처럼 자신에게 맞는 직업과 환경을 잘 찾아 사는 게 중요하다고 생각해요."

안타까운 사례도 있다. 우수한 능력은 있는데 자신이 하고 싶은 일을 제대로 못 찾은 경우다.

다섯 가지를 모두 잘하고 있다는 엄마도 만났다.

"아들은 누구에게나 칭찬받는 품성이라 신부의 길을 걷고 있습니다. 어려서부터 아들의 생각을 존중했고 결국 자신이 하고 싶은 일을 이룬 거죠. 다섯 가지 능력을 골고루 갖추며 성장했다고 봐요. 저는 어릴 때부터 밥상머리 교육을 시켰어요. 그게 큰 힘이 된 듯해요."

살면서 남의 눈을 의식하는 삶보다는 자신이 좋아하는 일을 하면서 만족하는 삶을 사는 것이 중요하다. 거기에서 큰 행복을 느끼기 때문이다. 아이가 하고 싶은 일을 위해 정진한다면, 그보다 좋을 수는 없다. 더불어 하고 싶은 일을 잘한다면 당연히 성취감이 높다. 자신의 장래를 위해 하고 싶은 일이나 직업에 정진한다면 그만큼 자신감이 있을 것이고, 그 자체가 자존감을 높이는 일인 것이다.

아이가 성장하면서 자기 능력껏 열심히 살면, 부모는 그저 옆에서 묵묵히 도와주는 것 말고는 할 게 없다.

부모 역할에 관한 벤저민 블룸의 연구를 하나 더 소개하고 이 주제를 마치겠다. 각 분야의 최고 인재와 부모를 인터뷰한 결과 가정환경에 공통점이 있었다. 이들은 아이를 최우선으로 생각했다. 아이가 가정의 중심이었다. 아이를 위한 일을 계획성 있게 천천히 준비해 나갔다.

예술의 전당으로 갈 아이를 의대나 로스쿨에 보낼 수는 없다

아이가 소방관 혹은 미용사가 되겠다고 하면?

대체로 아이들은 장래 직업이 수시로 바뀐다. 묻지 않았는데 일찍부터 무엇이 되고 싶다고 말하는 아이도 있다. 장래에 무슨 일을 하고 싶으냐고 물어보면 모른다고 대답하는 아이도 있다. 그렇게 성인이 될 때까지 하고 싶은 일을 못 찾기도 한다. 그렇다고 이 아이가 사회생활에서 뒤처진다는 얘기는 아니다. 이들 중에는 성인이 되어서 세상 사람을 깜짝 놀라게 할 정도로 탁월한 능력을 펼치는 아이도 있다.

아이 진로에 관한 문제는 인성 교육을 시키거나 공부를 가르치거나 독서를 지도하거나 규칙을 알게 해 주는 것과는 다르다. 이 네 가지는 훈련을 통해 표가 날 수 있지만 직업만은 다르다. 이것은 재능을 찾는다는 의미도 있고, 한참 뒤의 장래 문제이기 때문이다.

부모는 아이를 키우면서 아이가 어디에 관심을 갖는지 무슨 능력이 보이는지 꾸준히 살피고 그 능력을 찾게 해 주는 조력자 역할을 충실히 해야 한다. 이것은 부모의 가치관이 서 있지 않으면 생각만큼 쉬운 일이 아니다. 그래서 부모되기가 어려운 세상이라고 한다. 부모가 아이 진로에 대해서 어떻게 할지 몰라 주저하거나 무심하게 지나치게 될 때 아이의 운명이 바뀔 수도 있다. 부모도 아이인 시절이 있었다는 사실을 잊지 말고 아이 진로에 지속적으로 관심을 쏟아야 한다.

이런 면에서 오그 만디노의 충고는 엄마가 새겨들을 만하다.

《성공한 사람들의 이야기》에서 오그 만디노는 재능에 관해서 이렇게 얘기한다.

'한 가지 재능에 매달려 다른 가능성을 제외시켜 버리는 일은 결코 현명한 처사가 아니다. 우리들 대부분은 다른 것을 제압할 만큼 탁월한 한 가지 재능을 갖고 있지 못하며 다양한 여러 가지 능력을 겸비하고 있다. 따라서 한 가지 재능에 집중하되, 다른 것을 선별하여 전체적인 조화를 이루도록 하는 것이 좋다. 만약 필요한 자질이 발견되지 않을 경우에는 스스로 자질을 향상시킬 수 있도록 해야 한다.'

아이 진로에 관해 세 가지 사례를 들어 이야기를 풀어 보자. 첫 번째 사례는 아이가 무엇이 되고 싶다거나 무엇을 하고 싶다고 표현할 경우다. 이때를 대비해서 당신은 미리 준비하고 있어야 한다. 두 번째 사례는 아이의 성격이나 공부 때문에 걱정만 하다가 막상 아이 진로를 소홀히 한 경우다. 안타까운 일이다. 세 번째 사례는 아이와 부모 간에 진로 갈등이 생긴 경우다.

첫 번째 사례부터 이야기해 보자.

어느 날, 여섯 살짜리 아들이 단호하고 거침없이 이렇게 말한다.

"엄마, 나 커서 소방관이 될 거야."

비슷한 또래의 딸도 단호하게 말한다.

"엄마, 나 커서 미용사가 될 거야."

이럴 때 당신은 어떻게 반응할 것인가?

부모 교육 강의에서 이런 상황에 대해서 질문을 던졌다. 열 명 중에 두세 명의 어머니가 해 보라며 격려해 주겠다고 했다. 나머지 어머니는 "그래 엄마는 네 생각을 존중해."라고 긍정적인 반응을 보이겠다고 했다. 그렇게 말하면서도 마음으로는 절대 허락하지 않는다고 말한 어머니도 있다. 전반적으로 부정적이지는 않았다. 이유는 아이가 아직 어리기 때문이다.

필자가 이렇게 다시 물어봤다.

"6학년이 되어서도 소방관이 되겠다거나 혹은 미용사가 되겠다고 말한다면 그때는 어떻게 말해 주겠습니까?"

변하지 않고 아이의 의사를 존중해 주겠다는 어머니도 있었다. 처음에 긍정적으로 말했던 어머니 중 다시 생각해 보겠다며 마음을 바꾼 경우도 있었다. 솔직히 당황스럽다는 어머니가 많았다.

"더 커서 생각해도 되는 거야."

"다른 직업도 많아. 꼭 그걸 해야겠니?"

이렇게 아이를 설득해 간다.

시간이 흘러 중학교 3학년 때도 그 직업을 원한다면 어떻게 하겠느냐고 질문했다. 어머니 대부분이 적극적으로 말리겠다고 했다. 왜 그럴까? 직업에는 귀천이 없다고 말하지만 아직도 엄마들 마음에는 우리 아이가 더 좋은 직업을 가지고 살기를 바라는 마음이 있다. 이런 경우, 아이들이 하고 싶은 일이 최우선이 아니다.

이 질문과 관련된 영국 교육학자의 이야기를 소개해 보겠다. 흥미로우면서도 교훈적인 사례다. 켄 로빈슨은 영국의 교육학자다. 켄 로빈슨이 책을 출판하고 저자 사인회를 준비하고 있었다. 그는 사인회에서 만난 한 남자에게 이렇게 물었다.

"당신의 직업을 물어봐도 되겠습니까?"

"소방관입니다."

그러자 이렇게 물었다.

"언제부터 소방관이었습니까?"

"난 원래부터 소방관이었습니다."

대답이 재미있어서 로빈슨이 다시 물었다.

"구체적으로 언제부터 소방관이었습니까?"

"아주 어렸을 때부터 소방관이었습니다. 6살 때부터였을 겁니다."

그러면서 이 남자는 계속 말을 이어 갔다.

"고학년이 되었을 때, 담임 선생님은 내가 소방관이 되는 것을 반대했습니다. 공부를 해서 의사나 변호사가 되는 것이 어떠냐고요. 그게 이상했어요. 난 소방관이 되고 싶은데 선생님이 왜 반대하는지 당시에는 이해를 못했으니까요. 하지만 저는 학교를 졸업하고 소방관이 되었어요."

켄 로빈슨은 소방관의 얘기를 흥미진진하게 들었고, 소방관은 잠시 숨을 고르고 이야기를 계속했다.

"나는 6개월 전에도 사람을 구했습니다. 길을 가다고 교통사고가 난 것을 보았는데, 자가용에서 운전자를 꺼내어 심폐소생술을 하고 옆자리에 타고 있던 운전자의 아내도 구했습니다. 그런데 놀라운 사실을 알게 되었어요."

켄 로빈슨은 귀를 쫑긋 세우고 들었다.

"그 운전자가 바로 초등학교 고학년 때, 내가 소방관이 되기를 반대했던 담임 선생님이었던 거죠. 그 선생님은 아직도 내가 소방관이 되는 걸 반대할까요?"

여기서 질문이 생긴다. 켄 로빈슨이 만난 소방관은 자기가 하고 싶은 일을 하고 있으니 성공한 것인가? 소방관이라는 직업에 특별한 재능이 필요한가? 이름 앞에 굉장한 수식어가 따라다니는 사람들, 예를 들면 피겨스케이팅의 여왕 김연아, 축구의 레전드 박지성, 음악의 거장 루치아노 파바로티, 골프 황제 타이거 우즈, 마이크로소프트의 창업자 빌 게이츠. 이들은 누가 뭐라고 해도 성공한 사람들이다. 특별한 재능이 있다고 생각되는 사람들이다.

세상의 관점에서 보면 이 소방관은 자신의 꿈을 이루었지만 이들의 명성에 비할 바 못 된다. 이들과 비교해 볼 때 엄청난 재능이 필요하지도 않다. 성공의 기준은 사람마다 다르다. 이 소방관도 스스로를 성공했다고는 생각하지 않을 것이다. 단지 하고 싶은 일을 하고 있을 뿐이라고 말할 것이다. 이것은 다른 인물도 마찬가지다. 스스로가 성공했다고 말하는 사람은 드물다. 자신이 좋아하는 일을 했을 뿐이라고 말하는 사람이 대부분이다. 재능을 평가하는 척도가 다를 뿐이다.

부모의 소홀함이 아이의 재능을 시들게 한다

실패와 성공의 수치를 0부터 100까지라고 하자. 실패의 최저 수치는 0이고 성공의 최고 수치는 100이다. 직업과 돈이 성공의 척도인 사람도 있고, 부유하지 않아도 행복하게만 살면 성공이라고 생각하는 사람도 있다. 자식을 잘 키우면 성공한 것이라고 여기는 사람도 있다. 성공이란 주관성이 상당히 강하다.

50부터 성공의 수치라고 할 때 60에 만족하는 사람도 있고 70이면 됐다고 하는 사람도 있다. 중학교 교사로 만족하는 사람이 있는가 하면, 대학교수 정도는 되어야 성공했다고 보는 사람도 있다. 어떤 사람은 노벨상 정도는 받아야 성공한 것이 아니냐고 말한다. 연 10억 정도 벌면 성공했다고 생각하는 사람이 있고, 100억은 벌어야 성공했다고 여기는 사람이 있다.

의사가 되고 싶다는 아이는 의사로 키우면 된다. 변호사가 되고 싶다는 아이는 변호사로 키우면 된다. 소방관이 되고 싶다는 아이를 억지로 법 공부를 시켜 법관으로 만들 수는 있겠지만 그것이 올바른 일인지는 깊이 생각해 보아야 한다. 아이가 옷 입는 것조차 엄마가 골라 입히면 아이는 스스로 생각하고 행동하는 능력을 결여하게 된다. 아이가 입고 싶은 옷을 스스로 고르게 해야 한다. 아이 진로도 마찬가지다. 조언이 필요한 거지, 부모의 생각을 강제로 주입해서는 안 된다.

이번 사례는 천재적 성향을 지닌 아이가 관리받을 시기를 놓쳐서 아쉽게 성장한 경우다.

초등학교 때부터 아들은 왕따였다. 고집도 보통이 아니었다. 엄마가 하지 말라는 일은 더 했다. 말썽도 많이 부렸다. 엄마는 그런 아들을 보며 마음고생이 심했다. 하지만 다른 사람에게 피해를 주는 아이는 아니었다. 부부가 맞벌이를 하느라 아이에게 신경을 제대로 못 썼다.

그러던 어느 날, 엄마는 이상한 광경을 목격했다. 보통 아이는 책을 읽을 때 한 장 한 장 천천히 넘기면서 읽는다. 그런데 아들은 왼손으로 책을 잡고 오른손 엄지를 이용하여 책장을 순식간에 넘기면서 책을 읽고 있었다. 읽는다는 표현보다는 보고 있다는 표현이 어울렸다.

엄마는 아들에게 책은 그렇게 읽는 것이 아니라고 말했다. 왜 그렇게 책을 보냐며 핀잔을 주었다. 그러자 아들은 책의 내용을 다 읽었다고 대답했다. 엄마는 믿지 못했다. 그러자 아들이 화를 냈고 엄마는 확인을 위해 책 내용을 물어보았다. 그랬더니 아이가 대답을 척척 하는 것이 아닌가. 엄마는 이미 내용을 알고 있겠거니 생각하고, 다른 책을 꺼내서 읽게 했다. 아들은 마찬가지로 순식간에 책을 읽었다. 엄마가 내용을 질문해 보니 아들은 막힘없이 대답했다. 물론 아들은 속독을 배운 적이 없다. 엄마는 아들의 이런 행동이 좀 특별하다고 생각했을 뿐, 더는 깊게 생각하지 않았다. 얼마 뒤 실시한 아이큐 검사에서 아들의 아이큐는 140이 넘었다.

중학교에 올라가서도 아들은 왕따였다. 친구들이 없었다. 엄마는 어느 날 아들의 가방을 열어 보고 깜짝 놀랐다. 가방에는 커터칼을 비롯해서 수십 종의 다양한 칼이 들어 있었다.이유를 물어보니 아들은 아이들이 너무 괴롭혀 가방에 칼을 넣고 다닌다고 했다. 하지만 친구들에게 사용하지는 않았다. 엄마는 그런 아들을 보며 마음고생이 많았다.

엄마가 아들에게 놀란 건 이뿐만이 아니었다. 아들은 영어 학원에 제대로 다닌 적이 없다. 학교 프로그램 중 하나였던 미국에 며칠 갔다 온 게 전부였다. 그런 아들이 영어를 술술 하는 것이 아닌가. 패스트푸드점에서 외국 사람을 만나도 겁내지 않고 대화를 했다.

엄마는 필자와의 대화 말미에 이렇게 말했다.

"지금 생각해 보면 아무튼 정말 똑똑했어요. 그 능력을 공부 쪽으로 썼더라면 좋았을 텐데 그렇지 못했죠. 공부 머리는 아니었나 봐요. 아이 키울 때 미리 걱정할 필요는 없다고 생각해요. 제가 아이 때문에 그렇게 마음고생은 했어도, 지금은 대학 들어가서 아르바이트하면서 성실하게 학교생활을 하고 있어요."

전공을 물어보자 체육학과에 다니고 있다고 했다. 엄마는 아들이 천재성이 있다는 것을 나중에야 깨달았다고 했다.

"아들은 분명 천재성이 있었어요. 기억력이 대단했으니까요."

이 엄마의 아들 얘기를 들은 뒤에 나는 여러 생각이 들었다. 그 아이는 분명 평범하지 않은 아이이다. 어렸을 때 특이했던 아이가 평범하게 성장하는 경우도 비일비재하다. 하지만 이런 능력을 관리만 받았더라면 아이가 다른 인생을 살지는 않았을까 하는 아쉬움이 남는다. 물론 아들은 현재 자신의 생활과 능력에 만족하고 있을지 모른다.

나는 이와 같은 사례를 접하다 보면 간혹 이런 생각이 든다.

'재능은 타고난 것이 아니야. 난 이것을 확신해.

프랑스의 실존주의 사상가 시몬드 보부아르도 사람은 천재로 태어나는 것이 아니라 천재로 성장한다고 했다.

하고 싶은 일을 하며 살게 하라

이번 사례는 부모와 진로 갈등이 심각하게 생기는 경우다. 법조인이 되기를 바랐던 아버지와 음악가가 되기를 희망했던 아들의 이야기다.

프레디 아길라는 필리핀의 국민 가수다. 1978년 '아낙'이라는 곡을 발표해서 세계적인 가수가 됐다. 아낙은 아이, 자식이라는 뜻이다. 한국에서도 안 들어 본 사람이 없을 정도로 지금까지 방송과 영화에서 불려진다. 대체 아낙이 어떤 노래이기에 세계인들이 열광하는 것일까? 음악도 좋지만 가사의 내용이 가슴을 울린다.

개략적인 가사는 이렇다.

'자식이 태어났을 때 부모의 기쁨은 이루 말할 수 없었다. 아이가 웃을 때나 울을 때나 부모의 보살핌을 받으며 자랐다. 아이는 계절이 여러 번 바뀌어 성장했지만 부모 마음도 몰라 주고 집을 나갔다. 떠나간 자식을 생각하며 부모는 한결같은 마음으로 걱정했다.'

부모는 언제나 자식을 사랑하고 기다린다는 내용이다.

더 깊은 감동은 아길라가 이 가사를 만든 사연이다.

프레디 아길라의 아버지는 아들이 법조인이 되기를 바랐다. 아길라는 아버지의 뜻을 따를 수 없었다. 왜냐하면 공부보다 더 좋아하는 일이 있기 때문이다. 그것은 음악이었다. 아길라는 결국 아버지와의 불화로 17살에 가출한다. 아길라는 한동안 무명 생활을 한다. 그러던 어느 날, 아버지에 대한 그리움에 연필을 들고 아낙을 썼다. 불행히 아길라의 아버지는 아들이 세계적인 가수로 성장하는 것을 못 보고 세상을 떠났다.

수치를 정확히 측정할 수는 없지만, 인류의 95% 정도는 재능을 살리지 못한 채 평범하게 살아가지 않을까! 우리가 늘 하는 얘기로, 단지 먹고 살기 위해 사는 것이다. 어떤 사람은 금융인이 되고, 어떤 사람은 의사가 되고, 어떤 사람은 작가가 되고, 어떤 사람은 경찰관이 되어 평범하게 살아간다. 나머지 5% 중에서 4.9%는 재능은 찾았지만 환경 때문에 혹은 자신이 노력을 안 해서 빛을 못 본다. 단지 0.1%만 세상에서 재능을 맘껏 발휘하며 살아간다. 대한민국 인구수가 51,753,820명이다. 5000만 명의 0.1%는 5만 명, 이 정도가 자신의 직업에서 두각을 나타내고 사는 사람들이다.

미리 걱정하지 말고 지속적으로 긍정 에너지를 심어 줘라

도전할 수 있는 기회를 만들어 줘라

엄마에게 있어서 아이를 어떻게 키울 것인가의 문제는 어떤 다른 문제보다 중요하다. 아이는 학교생활이 끝나면 결혼도 하고 직장 생활도 해야 하는 사회인으로 살아간다. 아이의 재능이 중요한 이유가 여기 있다. 현재의 아이만 보고 공부에 치중한다면 아이는 자신이 좋아하는 일을 찾는 데 늦을 수 있다. 피카소의 아들은 불행한 술주정뱅이가 되었지만, 아인슈타인의 아들은 저명한 수학 공학자가 되었다. 부모는 아이가 잘할 수 있는 일을 찾아 주기 위해 늘 관심을 가져야 한다.

2018년 2월 육아정책연구소 보고서에 따르면 우리나라 부모 10명 중 6명은 아이가 장래에 의사, 변호사가 되기를 바랐다. 2~5세 아이를 둔 부모에게 조사한 것으로 부모는 아이가 전문직을 가지기를 희망했다. 내 아이가 좋아하는 일을 하면서 행복하게 살기를 바란다고 하면서도 실상은 전문 직업을 선호했다. 이것을 '좋다, 나쁘다'의 문제로 나눌 수는 없다. 이런 엄마에게는 언론에 소개되는 다음과 같은 사례가 눈에 들어오지 않을 수 있다.

중학교 자퇴 뒤 나만의 떡볶이를 개발해 매출이 증가하고 있는 열여덟 살 소녀, 창의력을 키우는 교구 사업을 펼쳐 해외 진출 등으로 사업을 확장하고 있는 스무 살 처녀, SNS 작가로 활동하면서 사랑을 주제로 책을 출판해 억 대 인세를 받는 스물한 살의 청년, 이들은 대학 진학 대신 다른 길을 걸으며 성공을 꿈꾸는 젊은이들이다.

윤종용 전 삼성전자 부회장은 "현재의 우리나라 교육 시스템으로는 수만 명은커녕 수백 명도 먹여 살릴 수 없는 인력만 배출될 수밖에 없다"라고 한탄했다.

빅데이터 전문가인 송길영 다음소프트 부사장은 강연회에서 "여러분은 아이들을 의사, 약사, 회계사로 키우려고 학원 뺑뺑이를 돌리는데, 유망한 직업일수록 그 아이들 세대에 사라질 위험이 큽니다"라고 예측했다.

당신 아이가 당신의 바람대로 커 주지 않는다고 하여 다시 물릴 수 있는가? 이제부터 소개할 아이 두 명은 고등학교를 졸업하기 전까지 문제아 혹은 낙오자로 평가됐다. 다른 사람의 눈에는 그랬다. 하지만 부모의 눈에는 늘 가능성이 열려 있는 아이였다.

2015년 EBS 다큐 프라임에 한 남자가 소개된다. 남자는 초등학교에 다닐 때, 선생님조차 구제불능이라고 말하고 친구들에게 손가락질과 따돌림을 받았다. 부모는 온종일 비난 속에 살아야 했던 아들이 학교에서 돌아오면 따뜻하게 안아 주었다. 엄마는 아들이 끔찍한 성적을 받아 왔을 때도 이것이 그 아이의 모든 것이라고 생각하지 않았다. 그렇다고 늘 사랑만 주는 것은 아니다. 너무 속상해서 아들을 방 안에 가두거나, 소리를 지르거나, 화도 내 보거나, 물건도 빼앗아 봤다. 하지만 소용이 없었다. 엄마는 많이 울었다.

부모가 더 속상했던 것은 아들의 노력에 대해서 아무도 믿어 주지 않았다는 데 있다. 주의력결핍과잉행동장애(ADHD) 판정을 받고, 중1 때는 학교 버스에서 친구들에게 집단으로 맞기까지 했다. 그럴수록 부모는 아들만 바라보고 집중했다. 아들이 사랑받고 집이 안전한 곳이라는 생각을 심어 주었다.

엄마는 아들이 멋진 일을 하는 건 불가능하지만 좋은 사람은 될 수 있다고 믿었다. 내신 평점 0.9로 고등학교를 중퇴했다. 성인이 된 뒤에 바로 결혼식을 올렸고, 여러 개의 직업을 가지고 가족의 생계를 책임졌다. 아들이 스스로 게으르다고 자책할 때 아버지는 이렇게 말했다.

"너는 게으른 게 아니라 도전이 필요하다."

아버지는 아들이 스스로 길을 찾아가기를 바랐고 조언자로서의 역할을 해 주었다. 아들은 이러한 힘에 자극받아 내면의 긍정 에너지가 발산됐다. 교육학을 하고 싶어 공부에 도전했다. 드디어 고등학교 중퇴 7년 만에 하버드교육대학원에 합격했다. 그는 하버드대학교가 어디에 있는지조차 몰랐던 사람이다. 현재 세계 최고 수재를 가르치고 있는 그의 이름은 '토드 로즈'다.

"그래, 해 봐!"

드라마틱한 인생 반전을 이룬 인물이 또 한 명 있다. 이 인물의 아버지가 강연 중에 한 이야기를 정리했다. 강연 내용을 요약한 것이라 전체적인 맥락의 이해가 필요하다.

아이는 어려서부터 영화감독이 되고 싶어 했다. 공부는 안 하고 책가방 안에는 영화와 관련된 책이 즐비했다. 고등학교에 올라가서도 공부와는 거리가 멀었다. 고3 성적은 대학을 갈 수 없을 정도로 형편없었다. 결국 대학교 입학에 실패하고 재수를 했다. 재수했지만 결과는 또 불합격. 1차 전문대도 떨어지고 용인에 있는 2차 전문대에 겨우 미달로 합격했다. 전문대에 입학하고 좋아하던 영화 관련 일을 쫓아 다녔지만 회의가 왔다.

몇 개월 뒤에 그는 아버지에게 이렇게 말했다.

"아버지처럼 국제 비지니스 맨이 될 게요."

아버지는 대답했다.

"그래 해 봐."

아버지는 아들의 도전을 무시하지도 제지하지도 않았다. 아들은 그날부터 방 안에 틀어박혀 공부를 해서 경희대학교에 편입했다.

군대에 가야 했기 때문에 아들은 아버지에게 이렇게 말했다.

"아버지, 저 카투사 지원할게요."

"그래, 해 봐."

카투사 제대 뒤에 아들은 말했다.

"아버지 저 국제공인회계사에 도전해 볼게요."

"그래 해 봐."

국제공인회계사 자격증도 취득했다.

졸업을 하고 대기업에 70:1의 경쟁률을 뚫고 입사했다. 200여 명의 신입 사원 연수에서 1등을 거머쥐었다. 아들은 회장 비서실로 발령이 났다.

아무도 아들이 이러한 스토리를 만들 거라고 생각하지 않았다. 단, 부모만 제외하고. 아들은 성인이 되고 나서 아버지가 걸었던 전철을 그대로 밟고 있다. 이 아버지의 이름이 이금룡이다. 삼성 비서실에서 근무했고, 삼성물산 이사까지 지냈다. 삼성에 근무할 때 홈플러스를 론칭한 장본인이기도 하다. 퇴사 뒤에는 인터넷 경매 사이트 옥션을 설립했다. 아버지가 한 일은 아들을 끝까지 믿어 주고 부정적인 말을 하지 않고, 늘 어깨를 두드려 주며 "그래, 해 봐"였다.

위의 두 가지 사례를 어떻게 설명할 것인가? 두 사람의 경우, 부모의 변함없는 정서적 지원이 없었다면 성공하기 힘들었을 것이다.

엄마에게 가장 어려운 숙제는 아이 재능 찾아 주기

좋아하는 일, 잘하는 일, 직업, 재능은 서로 어떤 관련이 있을까? 좋아하는 일이라고 해서 잘하는 건 아니다. 축구를 좋아한다고 축구를 잘하는 건 아니다. 강아지를 좋아한다고 해서 수의사가 되는 건 아니다. 생계를 위해서 하고 싶지 않거나, 잘하지도 않은 직업을 가지고 살아가기도 한다.

하고 싶은 일을 잘한다고 재능을 갖추었다고 말할 수도 없다. 그런 사람이 너무 많기 때문이다. 예를 들어 수학을 잘한다는 소리를 듣는다고 수학에 재능이 있는 건 아니다. 수학을 일반 학생보다 잘할 뿐인 것이다. 재능은 이보다 훨씬 우수한 능력을 요구한다. 언어에 재능이 있다는 것은 언어에 감각이 있다는 정도가 아닌 훨씬 그 이상을 의미한다.

아이의 경우, 그림을 잘 그리기 때문에 재능이 있다고 예단하지 말고 꾸준히 관심을 가지고 지켜보아야 한다. 오래도록 싫증 내지 않으면서 계속 좋아하고 잘하는 것이 무엇인지 파악해야 한다. 부모는 아이가 좋아하는 것, 잘하는 것, 하고 싶은 일을 잘 구별하고 살펴야 한다.

하고 싶은 일을 직업으로 하면서 그 일을 잘하는 정도가 아니라 재능까지 지니고 있다면 과연 어떤 일이 일어날까? 재능의 분야는 크게 네 가지로 나눌 수 있다. 언어 재능, 운동 재능, 예술 재능, 사업 재능이다.

기업을 이끌어 가는 CEO는 어떤 재능을 필요로 할까? 사업가로서의 재능이 출중해야 한다. 다른 능력을 갖추었더라도 사업가로서 가져야 할 재능이 부족하면 기업을 성공적으로 이끌어가지 못한다. 인성도 좋아, 공부도 잘해, 자기 관리도 잘해, 독서도 많이 하지만 사업가로서 갖추어야 할 재능이 부족하면 기업을 제대로 이끌 수 없다.

능력을 갖춘 CEO 앞에서는 학벌이 필요 없다. 수많은 명문대 출신이 CEO에게 허리를 굽실거린다. 우리나라 경제를 좌지우지하는 CEO 중 한 명은 이런 재능이 있다. 어려서부터 받은 체계적인 교육이 이러한 재능을 키웠을 것이다.

예를 들면 자동차를 이야기하는데 자동차부터 시작하지 않는다. 전혀 관련 없는 숟가락 이야기부터 시작해서 항아리 이야기가 나오고, 이런저런 이야기를 하고 나서, "그래서 자동차를 사야 하지 않겠습니까?" 한다. 듣는 사람은 숟가락 이야기부터 빨려 들어가 듣다가 결국 자동차를 산다. 이것이 바로 이 CEO의 탁월한 재능이다.

공부에 관한 하위권 학생과 상위권 학생의 마인드가 다르듯이, 동네 마트 주인과 중소기업 CEO의 마인드는 다른 법이다. 중소기업 CEO의 마인드와 대기업 CEO의 마인드가 다르다. 사업가는 사업 마인드가 확실하게 자리 잡혀 있어야 한다. 그렇지 않다면 수백 억을 한순간에 날려 버릴 수 있다. 다음 사례가 그렇다.

부자 할머니가 있다. 재산이 500억대인 재산가다. 자식이 없어 양자를 들였다. 할머니가 죽고 모든 재산은 양자에게 갔지만 양자는 4년 만에 500억을 모두 탕진했다. 귀가 얇아 여기에 투자하라, 저기에 투자하라는 사람들 말에 무턱대고 돈을 투자했다. 열 군데 투자하면 한 군데 걸릴 거라 생각했지만 모두 실패했다. 이렇듯 언어 재능이 부족한 사람이 아나운서가 되고, 사업 재능이 부족한 사람에게 돈을 맡기면 결과는 뻔하다.

재능에 노력이 더해지면 세상을 구한다. 에디슨은 99%의 노력과 1%의 영감으로 천재가 만들어진다고 했다. 노력을 강조한 것일까? 영감을 강조한 것일까? 이렇게도 생각해 보자. 재능 99%와 노력 1%를 한 사람이 있다. 노력 99%와 재능 1%를 한 사람이 있다. 이 사람들의 차이점은 어떻게 나타날까? 만일 1%가 악마의 유혹에 흔들리는 인성이라면 어떻게 될까?

다이너마이트를 발명한 노벨은 조금 더 효과적인 폭약을 만들려고 했던 뜻이 수백 수천의 사람을 죽이는 살상용 무기로 둔갑하는 모습을 보고 참회하게 된다. 노벨은 참회의 뜻으로 자신의 전 재산을 기부해서 노벨상을 만들었고 그 상은 지금까지 이어져 오고 있다.

비슷한 예로 원자폭탄을 만든 오펜하이머가 있다. 오펜하이머는 제2차 세계대전 중에 미국 정부의 지원 하에 원자폭탄을 만드는 책임자가 된다. 일명 '맨해튼 프로젝트'라고 불리는 원자폭탄을 만드는 일의 책임자가 된 오펜하이머는 나중에 자기의 작품이 사람을 죽이는 데 사용된 것을 알고 '내가 죽음의 신이 되는 구나.'라고 탄식을 했다. 처음에 '왜' 만드느냐 묻고, 진실을 알았더라면 맨해튼 프로젝트에 참여하지 않았을 것이다. 왜라고 묻지 않아 생긴 비극이다.

내가 왜 이 일을 해야만 하는가?
내가 만드는 이 물건이 누구를 위해 쓰이는가?
내가 하는 이 행동이 자연과 인류에 해가 되지는 않는가?

아이를 키울 때 재능과 관련해서 새겨야 할 교훈이다.

제5장

존중받으며 살도록 키우고 싶다

- 인성 1위

웨이터의 법칙

- 불편한 상황에서 나타나는 감추어진 품성

타인의 실수에 대하여 어떻게 반응해야 하는지 알려 줘라

식당에서 맛있게 식사하는 중에 가끔 이러한 상황을 목격한다. 음식에서 이물질이 나오거나 종업원이 불친절하다는 이유로 손님이 큰소리치면서 사장과 싸우고 있다. 당신이 아이와 함께 식사하다가 이 장면을 마주하면 어떤 기분이 드는가?

비단 식당뿐이 아니다. 아이와 자주 가는 마트에서도, 백화점에서도 발생한다. 물건 때문에, 불친절 때문에 손님이 직원에게 큰소리로 화를 낸다. 유통기한이 지난 우유를 마트 직원에게 먹어보라며 입 앞까지 들이민다. 백화점 직원이 불친절하다며 무릎을 꿇어

앉히고 훈계를 한다.

당신은 아이에게 이 상황을 어떻게 설명할 것인가? 함께 TV를 시청하다가 비슷한 내용이 보도되면 어떻게 할 것인가? 그저 침묵하고 넘어갈 것인가? 아니면 아이 앞에서 얼굴을 붉히며 “저런 건 인간도 아니야”라고 말할 텐가. 그렇게 해서는 안 된다. 사실 이런 사건은 아이 인성 교육을 하기에 아주 좋은 기회다.

아이의 인성 교육에 의지가 있다면 이런 상황을 기회라고 생각하고 얘기해 주어야 한다. “네가 다른 사람을 존중해 줘야 너도 존중받는다. 존중은 먼저 하는 거야.” 이러한 존중의 원리를 얘기하며 아이 마음속에 새기게 해야 한다.

일상생활에서 사람들이 보이는 모습은 인성의 현장 수업이다. 당신과 당신 아이도 늘 인성의 시험대에 놓이게 된다는 사실을 알아야 한다. 우리 모두가 그렇다.

비슷한 상황을 가정해 보자.

가족과 함께 외식을 하러 식당에 갔다. 아르바이트생이 실수로 아들 옷에 음료수를 쏟았다. 그러자 아들이 인상을 찌푸린다. 모처럼 즐거운 시간을 보내려던 자리가 시작부터 기분이 상하는 상황이 되었다면 당신은 어떻게 할 것인가?

1) 당황하고 있는 아르바이트생을 나무란다.

2) 아들의 얼굴이 굳어진 것을 보니 진정이 안 돼 사장을 부른다.

3) 기분은 상했지만 큰 실수가 아니라 참고 넘어간다.

4) 당황한 아르바이트생을 괜찮다며 다독거린다.

5) 도저히 식사할 기분이 안 생겨서 식당을 나간다.

이러한 불편한 상황에서 사람의 품성이 드러난다는 발상은 미국의 어느 작가로부터 시작됐다. 이를 바탕으로 내가 한국 실정에 맞게 이야기를 각색했다.

중견 기업을 운영하는 사장이 주요 고객과 한정식 식사를 하러 갔다. 식사를 주문하고, 음식이 나오기 전까지 화기애애한 대화를 나누었다. 종업원이 음식을 가져왔다. 이때 종업원이 본인도 예상하지 못한 실수를 저질렀다. 몸의 균형을 잡지 못해 손에 들고 있던 음식물이 사장의 와이셔츠와 바지에 쏟아진 것이다. 종업원은 당황해서 어찌할 바를 몰랐다. 식사를 하던 다른 고객도 놀라 사장의 말과 행동에 촉각을 곤두세웠다. 주변 사람도 '저 종업원 큰일 났다.'고 생각했다. 하지만 사람들의 우려와는 다르게 사장은 별일 아니라는 듯이 물수건으로 자신의 옷을 닦았다.

이뿐만이 아니었다. 종업원이 쪼그려 앉아 바닥에 떨어진 음식물을 주우려고 할 때, 사장은 아무도 눈치 채지 못하게 신발을 움직였다. 식탁 밑으로 떨어진 음식물을 종업원 앞으로 밀어주는 배려를 잊지 않았다. 그러면서 사장은 아무렇지도 않게 고객과 대화를 계속 이어갔다. 식사를 마치고 나오면서 고객이 사장에게 조심스레 물었다.

"왜 종업원에게 화를 내지 않았습니까?"

"아, 그거요. 단순한 실수잖아요."

고객은 사장의 인격에 감동해서 비즈니스를 계속 이어 가겠다고 했다.

이 이야기는 '웨이터의 법칙'으로 잘 알려져 있다. 미국 작가 데이브 배리가 처음 사용해서 지금은 비즈니스를 직업으로 하는 사업가들이 모델로 삼고 있다. 이 법칙의 요점은 자기에게 잘해 주는 사람이 다른 사람에게 어떻게 행동하는지 보라는 것이다. 이해관계가 있는 당신에게는 친절하지만 이해관계가 없는 제3자에게 어떻게 행동하는지 눈여겨봐야 한다. 거기서 그 사람의 감추어진 인성이 드러난다.

특히 상대적으로 지위가 낮거나 열악한 환경에서 일하는 사람들에게 대하는 태도를 보면 인성을 쉽게 알 수 있다. 그 사람이 아파트나 학교 경비원일 수 있다. 또는 환경미화원일 수 있고, 운전기사일 수 있고, 대학원 조교일 수 있고, 사장 비서일 수 있고, 마트에서 일하는 직원일 수 있고, 편의점 아르바이트생일 수도 있다.

한정식 식당에서 사장이 순간적인 화를 참지 못하고 실수한 종업원을 나무라거나 "주인 오라고 해."라고 했다면 어떻게 됐을까? 주위에 있던 손님들이 불쾌했을 것이고, 고객도 사장과 거래를 이어가지 않았을 것이다. 그런 사장의 인성은 딱 거기까지인 것이다. 점수로 따지자면 10점 만점에 5점도 후하지 않을까! 왜냐하면 타인의 가벼운 실수에 대처하는 가장 기본적인 인성도 소유하지 못했기 때문이다.

마찬가지로 가족과 함께 방문한 식당에서, 엄마가 실수한 아르바이트생에게 화를 내거나 음식점 주인을 불렀다면 아이는 무슨 생각을 할까?

'아, 이런 데 와서는 우리 엄마가 갑이구나.'

식당에서 일하는 종업원을 낮추어 보거나 깔보게 되는 마음을 갖게 된다. 그렇게 되면 당신 아이가 어떤 인성을 가지게 될지 짐작이 되지 않는가.

반면에 엄마가 종업원의 실수를 너그럽게 이해하고 넘어간다면 아이는 이렇게 생각한다.

'아, 사람은 누구나 실수할 수 있구나. 이런 상황에서는 이렇게 해야 하는 구나.'

부모가 어떻게 행동을 보이느냐에 따라 아이는 다르게 배운다.

웨이터의 법칙은 사람과의 관계에서 친절, 배려, 존중이 핵심이다. 재미있는 것은 이 현상이 특정 동물에게도 그대로 나타난다는 사실이다. 인간의 유전자와 거의 동일하고, 모습도, 습성도 비슷한 동물은 침팬지다. 저명한 동물 연구가가 있다. 잔 카제즈, 프란스 드 발 등이 대표적이다. 프란스 드 발은 네덜란드 출신의 저명한 동물 행동 연구가로, 그의 침팬지 분석이 흥미롭다. 아이들에게 들려주어도 교훈적이다.

침팬지도 친구 간에 '욕설(폭력)'과 '친절(배려)'에 대해 민감하게 반응한다. 예를 들면, 털을 골라 주는 날은 서로가 사이좋게 과일을 나누어 먹는다. 따로 과일이 생기면 아무에게나 나누어 주지 않고 자신에게 친절을 베풀었던 친구에게 준다. 친절에 대한 대가를 자신도 친절로 갚는다. 만일 자기에게 친절을 베풀었던 동료가 위험한 상황에 처하면 어떻게 할까? 도망가지 않고 기꺼이 나서서 도와준다. 인간 세계와 별반 다를 것이 없다.

인성이 학교와 사회에서 강력한 경쟁력이 된다

우리나라 직장에서 관리자가 이런 말을 할 때가 있다.

"당신 경력을 믿고 채용했지만, 팀워크를 해쳐서 우리 회사와는 안 맞는 거 같습니다."

미국 기업에서도 비슷한 말을 하는 관리자가 있다.

"당신 능력 때문에 채용했지만, 당신 인성 때문에 함께 일할 수 없습니다."

업무 능력보다 인성의 중요성을 강조한 말이다. 기업이 인성을 주요한 입사 요건으로 내건 지는 오래다. 대체로 1990년대부터 우리나라 기업들도 인성의 중요성을 인식하기 시작했다. 인성이 회사 생활에 있어서 중요한 경쟁력이라는 사실을 인식했기 때문이다. 이러한 흐름으로 기업은 인성 부분을 공개적으로 강조하고, 직원 채용 때도 이 부분을 유심히 보고 있다.

기업을 운영하는 사장은 어떤 직원을 선호할 거라고 생각하는가? 두말할 필요 없이 업무 능력도 있고 직원들 간에 관계도 원만한 성품 좋은 직원을 원할 것이다. 업무 능력도 없고 자기만 생각하는 직원은 내치면 된다.

문제는 이런 경우다. 능력은 있는데 품성이 좋지 못한 직원과 능력은 떨어지지만 품성이 좋은 직원 중에 사장은 어떤 직원에게 손을 내밀까? 당신이 기업을 운영하는 경영인이라면 어떻게 할 것인가?

능력이 뒤처져도 갈등을 일으키지 않고 협업 능력이 있는 직원과 함께하지 않을까. 인성의 중요성을 아는 사장이라면 말이다. 업무는 교육을 통해 얼마든지 향상할 수 있다. 하지만 이미 어린 시절부터 몸에 밴 인성은 좀처럼 바뀌지 않는다는 사실을 회사의 대표라면 알고 있기 때문이다. 능력이 항상 성공을 보장하는 건 아니지만 인성은 성공의 필수 조건이다.

당신 아이가 뒷날 사회인이 되었을 때 업무도 잘하는데 인성까지 괜찮은 사람이라는 소리를 듣는 상상만 해도 부모로서 기쁘지 아니한가. 함께하는 사람에게 존중받는 사람, 이것이 당신이 바라는 아이의 모습이 아닌가? 공자가 이런 말을 했다. '덕 있는 사람은 외롭지 않으니, 반드시 이웃이 있게 마련이다.' 인성의 경쟁력에 들어맞는 말이다.

인성의 덕목 중 하나인 협동에 대해서 생각해 보자. 당신은 직장에서 구성원 간의 협동이 얼마나 중요한지 알고 있다. 동료들에게 칭찬을 들으면 기분이 좋다. 잔소리를 반복적으로 들으면 스트레스를 받는다. 실적에 대해서 보상이 따르면 자신감이 생기고 동기부여가 된다.

당신 아이의 가정생활, 학교생활도 마찬가지다. 아이는 작은 일에도 칭찬을 들으면 신이 난다. 잔소리가 한 번으로 끝나는 것이 아니라 반복되었을 때 아이도 짜증이 난다. 목표를 성취했을 때 적합한 보상이 따르면 의욕은 더욱 솟아난다.

친구와의 협동 학습을 왜 하며 어떻게 참여해야 하는지 알려 주어야 한다. 협동 학습이 협동에 참여하는 구성원 간의 관계와 발전에 얼마나 중요한지 설명해 주어야 한다. 당신이 조직 생활에서 느낀 그대로 아이 수준에 맞추어 얘기하면 된다. 사실상 회사의 축소판이 교실이라고 생각한다면 아이에게 협동의 효율성, 다른 친구에 대한 이해와 배려, 선의의 경쟁 의욕 등 이야기해 줄 거리가 많다.

미국 예일대학교의 심리학과 교수였던 로버트 스턴버그 박사는 성공 지능 이론가로 유명하다. 여기서 말하는 성공 지능은 인성에 기반하고 있다. 인성이 좋은 사람이 현실적 지능이 우수하고 성공 확률도 높다는 것이다. 사회적으로 성공한 사람들의 비인성적인 면을 언론을 통해 보면 그렇지도 않다는 느낌이 들기는 한다. 하지만 그것은 일부다. 사회적으로 성공하기 위해서는 자신의 능력도 필요하지만 인적 네트워크 속에서 협동하는 것이 더 중요하다. 우리가 보통 이야기하는 사회성이 인성의 주요한 측면이라면, 사회성이 좋은 아이는 나중에 사회생활에서도 득을 보게 되어 있다.

인성의 기본 중의 기본은 효도다

이즈음에서 인성의 개념을 구체적으로 정리할 필요가 있다. 당신은 무엇을 인성이라고 생각하는가? '친절하고 배려하고 존중하고 협동하는 성품을 말한다'라고 하면 될까. 인성이라는 용어를 많이 사용하지만 막상 인성에 대해서 이야기하라면 자신 있게 말하는 엄마가 드물다. 인성이 학교생활, 사회생활에서 상당히 중요해진 거 같은데, 설명하려면 쉽지만은 않다. 예절이 바른 정도로만 알고 있다.

전통적인 인성의 개념은 '당신 아이가 착하다, 바르다, 순수하다' 정도다.

하지만 인성의 개념이 많이 발전했다. 앞에서 강조했듯이 인성이 큰 경쟁력이 되었기 때문이다. 공부를 잘해 명문 대학에 입학하는 꿈, 재능이 있어 대중의 인기를 얻는 꿈, 독서력을 기반으로 베스트셀러 작가가 되는 꿈, 사업으로 성공하는 꿈의 경쟁력 있는 핵심 가치가 되었다.

인성이 사회에서 조직을 이끄는 바탕이 된 것이다. 일단 인성에 들어가는 항목이 무엇인지부터 살펴보자. 학부모로서 앞으로 아이가 중·고등학교에 올라가면서 인성의 어떤 측면을 평가받는지 알고 있어야 한다. 그럼으로써 가정에서 무엇을 중심으로 인성 교육을 시켜야 하는지도 이해할 수 있다.

다음 세 가지가 엄마가 관심을 가져야 할 인성 항목이다.

첫 번째는 학생부(학교생활기록부)다. 학생부는 학교에서 기록하는 인성 평가다. 주요 항목으로는 타인 존중, 나눔, 배려, 협력, 규칙 준수, 예체능, 정서 함양, 갈등 관리, 관계지향성 등이다.

두 번째는 교사 추천서다. 교사 추천서에는 나눔과 배려, 협동심, 책임감, 성실성, 리더십 등 5가지 평가가 들어간다.

세 번째는 대교협(한국대학교육협의회) 자기 소개서 공통 양식이다. 대교협 자기 소개서 공통 양식 중에서 3번 문항이 인성 관련 내용이다. '배려, 나눔, 협력, 갈등 관리 등을 실천한 사례를 들고 그 과정을 통해 배우고 느낀 점을 기술하라'다.

두 가지 또는 세 가지 모두에서 겹치는 항목이 보인다.

인성 항목을 보면 의문스러운 점이 보이지 않는가? 효가 빠져 있다. 효는 인성이 아니란 말인가? 효도가 중요하지 않아서가 아니라, 효도와 인성은 개념이 다소 다르다. 효도는 가정에서 예절의 근본으로 여긴다. 하지만 인성은 학교, 기업, 사회에서 타인 또는 조직과의 관계 속에서 경쟁력을 가지는 의미로 해석된다.

다음 두 가지 사례를 통해 이해할 수 있다.

사례 1〉 필자의 경험담

올해 여름, 어느 날 아침에 있었던 일이다. 일주일에 두세 번 지나가는 재래시장 입구에 작은 과일 가게가 있다. 오늘도 사장인 엄마와 대학생으로 보이는 아들이 장사 준비를 하고 있다. 아들이 방학이라 엄마를 도와 아침에 가게 문을 열고 장사하는 모습을 종종 본다. 오늘도 마침 그 가게 앞을 지나가는데 엄마가 과일 상자를 옮기자, 아들이 이렇게 말한다.

"엄마, 상자 들지 말라고 했잖아. 허리도 아프면서. 이리 줘. 엄마는 앉아 있어."

그러더니 아들은 엄마가 들고 있던 과일 상자를 빼앗아 옮겼다. 친구 대하듯 하는 말투가 살짝 거슬렸지만, 말속에 배어 있는 엄마를 위한 진심만은 흐트러짐이 없었다. 가슴이 찡했다. 속으로 생각했다. '아들 참, 효자네.'

사례 2〉 학생의 경험담

고등학생 세 명이 밤늦게 학원을 마치고 집에 돌아가던 중이었다. 길가에 쓰러져 있는 남자를 발견했다. 이틀 뒤면 11월이라 날씨가 제법 쌀쌀했다. 남학생 한 명이 그 남자의 상태를 살피더니

119에 신고하자고 말했다. 남은 두 학생은 망설였다. 그중에 한 명이 이렇게 얘기했다.

"난 공부할 게 많아서 먼저 갈게." 이렇게 말하더니 앞서 갔다. 그러자 망설이던 나머지 학생도 귀찮은 듯 "요즘은 이상한 사람도 많아서 아무나 도와주는 거 아니라고 했어. 그냥 가자. 술 먹고 쓰러져 있는 거야." 그러더니 119에 신고하자던 학생의 팔을 잡아 당겼다.

"아니야. 아파서 쓰러졌을 수도 있잖아. 저 봐. 다리가 이상하잖아. 더구나 날씨도 춥고. 도움이 필요한 사람일 수도 있어. 신고하자."

그러더니 바로 휴대폰을 꺼내 119에 신고했다. 119 구급차가 오는 동안에도 망설이던 학생은 불안하고 초조하기만 했다. 친구가 괜히 신고했다고 투덜거렸다. 구급차가 도착해서 남자를 싣고 출발했다.

위의 두 사례를 비교해 보자. 첫 번째는 아들이 어머니를 위하는 효에 관한 내용이다. 가족 간의 예의범절이다. 제삼자인 내가 보고 듣고 '저 아들 효자네'라고 느꼈다. 두 번째는 모르는 사람을 도와주는 배려에 관한 내용이다. 적극적인 친절에 해당한다. 효는 기본적으로 지니고 있고 그 이상의 경쟁력 있는 인성을 보여 주어야 한다. 이것이 효가 학생부, 교사 추천서, 대교협 자기 소개서 공통 양식에서 빠진 이유다.

누가 뭐래도 효도가 인성의 기본이라는 사실에는 변함이 없다. 앞의 세 가지 서류 항목에 들어갔느냐 안 들어갔느냐는 중요하지 않다. 부모를 섬길 줄 모르는 사람의 인성이 좋을 리 없기 때문이다. 만일 그런 사람이 있다면 그것은 가식이다. 효자로 이름난 율곡 이이는 '사람의 온갖 행위 중에 효가 근본이고 삼천 가지 죄목 중에서 불효가 으뜸이다'라고 했다. 그만큼 인간의 도리 중에서 효를 근본으로 했다.

공부, 독서, 규칙, 재능은 개인성이 강하지만 인성은 사회성이 강하다

인성은 대체로 대인 관계 속에서 드러난다. 아는 사람과의 관계일 수도 있고, 모르는 사람과의 관계일 수도 있다. 이것이 인성의 주요한 특성이다. 공부, 독서, 규칙적인 습관, 재능은 개인성이 강하지만 인성은 관계 즉 집단성이 강하다. 혼자 있을 때는 아이가 어떤 인성의 소유자인지 알 수가 없다. 공부야 성적표를 보면 되고, 독서 능력은 지난 한 달간 읽은 책의 목록과 독서록을 보면 된다. 규칙적인 습관도 스스로 생각하고 행동하는 자기 관리 능력이라서 유심히 관찰하면 알 수 있다. 재능이야 시연을 보이게 하면 된다.

하지만 인성은 "너는 배려심이 있는 사람이니?", "너는 협동심이 있는 사람이니?" 이렇게 물어서 나타나는 게 아니다. 시험을 쳐서 점수를 낼 수는 더더욱 없다. 학교에서 치르는 도덕 시험을 잘 본다고 인성이 좋다고 말할 수도 없다. 인성은 당신 아이가 다른 사람과 같이 있을 때만 알 수 있다. 집단 속에서 파악되고 다른 사람의 입을 통해 당신 아이의 인성이 평가된다.

인성이 타인과의 관계에서 심각한 충돌을 일으킬 수 있다는 점에서 조직 사회에서 인성을 점점 중요시 여긴다. 인성은 죽는 순간까지 따라다닌다. 장례식에 온 사람들이 돌아가신 분을 어떻게 생각하는 지가 그 분이 살아 있을 때의 인성이다. 그러기에 사회적 동물인 인간은 아이 교육에 있어서 인성을 소홀히 할 수가 없다. 다양한 능력이 갖추어져 있지만 인성이 부족해 사회생활이 힘든 사람으로 키워서는 곤란하다.

당신 아이는 공부는 못하다가도 계기만 주어지면 노력해서 잘할 수 있다. 성적이 좋았다가 떨어지면 심기일전해 다시 올리면 된다. 아무런 문제가 안 된다. 아파서 책을 한두 달 안 읽었다고 어떻게 되지는 않는다. 아침에 일찍 일어나는 습관이 배이지 않는다고 당장 어떻게 되는 것도 아니다. 지금 초등학생인데, 설사 중학생이라 할지라도, 장래에 하고 싶은 일이 없다고 큰 문제가 되는 것도 아니다.

하지만 인성은 한 번 잘못 심어지면 몸에 들어온 나쁜 세균처럼 쉽게 떨쳐 버릴 수 없다. 나쁜 세균은 번식도 빠르고 다른 사람에게 오염시킬 수 있고 심각한 해가 될 수도 있다. 그래서 친구를 잘 사귀어야 한다는 말이 나오는 것이다. 사람과의 관계에서 어른도 아이도 실수할 수 있지만 그 실수가 두세 번 반복되면 그것은 그 사람의 인성이라고 단정해 버릴 수밖에 없다.

잘못 심어진 인성으로 인해 삶의 태도가 무섭게 변해가기 시작한다. 다른 사람에게 피해를 주기 시작한다. 친구의 약점을 잡고 절대 해서는 안 될 말을 한다든가, 따돌림을 한다든가, 상습적으로 욕을 한다든가, 안 좋은 친구와 몰려다닌다든가, 폭력을 행사하는 경우다. 당신은 아이의 인성 교육에서 선후를 따져서는 안 된다. 어떤 교육보다 인성이 먼저다. 특히 2차 성징이 나타나는 사춘기를 넘기기 전에 바른 인성을 몸에 배게 해야 한다. 인성이 바르면 사춘기도 순조롭게 보낼 수 있다. 모든 것에는 때가 있는데 사춘기가 그 변곡점이다.

칭찬은 구체적으로 해야 한다

앞에서 길가에 쓰러진 남자를 구한 고등학생의 경우를 적극적 친절 사례라고 했다. 마음과 행동이 하나가 되는 친절이다. 인간관계에서는 적극적인 친절만 있는 것은 아니다. 이러한 친절도 있다.

마음은 친절하고 싶지 않은데 어쩔 수 없이 행동은 친절해야 하는 경우다. 마음으로는 하기 싫지만 겉으로 보여 주는 친절이다. 이런 친절을 소극적 친절이라 이름 붙여 봤다. 사자성어로 '표리부동(表裏不同)'과 비슷한 의미다.

이러한 소극적 친절은 일본 문화에서 볼 수 있다. 일본 말 중에 혼네(ほんね)와 다테마에(たてまえ)가 있다. 우리말로 하면 혼네는 속마음, 즉 진심이다. 다테마에는 겉으로 드러나는 태도라고 할 수 있다. 일상생활을 하다 보면 속마음과 겉마음이 다를 수 있다. 일본인들은 속으로는 싫더라도 겉으로 친절하게 대하는 행위를 품위, 예절이라고 생각한다. 우리나라 사람은 그런 행동을 위선적이라고 생각한다. 한국인은 싫은 감정을 그대로 드러내는 경향이 적잖다. 이런 사람은 "내가 싫어하는 사람에게 왜 친절해야 하느냐, 나는 그렇게 못한다."라고 말한다. 하지만 상황에 따라서 다테마에도 필요한 인성이다. 왜냐하면 친절은 사람을 변하게 만들기 때문이다.

아이가 다니는 학교의 엄마가 몇 명 놀러 왔다고 하자. 거기에 유독 싫어하는 엄마가 한 명 있다. 그 사람이 싫더라도 웃으며 맛있게 들라고 커피 한 잔을 따라 주는 경우를 말한다. 그 엄마가 돌아갈 때 마음에 없는 소리까지 한다. "언제든지 놀러 오세요."

SNS 게시판에 칭찬에 관한 재미있는 스토리가 올라왔다. 이야기의 시작은 이렇다.

온라인 공간에서 활발하게 활동하는 여자 회원의 프로필 사진이 바뀌자 한 남자 회원이 '프로필 사진이 바뀌었네요. 예뻐요.'라는 댓글을 달았다. 이에 여자 회원이 예쁘다는 칭찬이 별것 아니라는 듯이 "혼네? 다테마에?"라는 센스 있는 답장 글을 남겼다.

여기서 이야기가 단조롭게 끝나는 줄 알았는데, 또 다른 회원이 댓글을 남기면서 이야기가 의미있는 방향으로 흐르기 시작했다.

또 다른 여자 회원은 올리비아 핫세를 닮았다는 댓글을 남겼다. 그러자 그 말에 감동했는지 프로필 사진 주인공은 올리비아 핫세을 닮았다고 말해 준 회원에게 스티커도 선물하고, 비행기를 타고 하늘을 나는 기분을 표현했다.

예쁘다는 말은 그녀에게 울림을 주지 못했는데 올리비아 핫세 같다는 칭찬에는 깊은 감동을 했다.

남자 회원은 자신의 심경을 이렇게 답장 글로 남겼다.

"저는 닭을 잡다 놓친 귀여운 꼬마 동요가 생각났어요. 여우가 그 닭을 물고 가는 모습을 보고 있는 귀여운 꼬마의 심정이 되었어요."

표현력의 문제 아닐까?

"하루하루의 삶이 매번 똑같이 여겨진다면 그것은 정말로 하루하루의 삶이 매번 똑같아서가 아니라, 일상 언어의 프레임을 관습적으로 반복하고 있다는 반증일 뿐이다."라고 소설가 이만교가 말했듯이 일상 언어를 가지고는 어느 누구도 감동시킬 수 없다. 진심을 담는 것은 두 번째 문제다. 그래서 칭찬은 구체적으로 해야 한다. 예쁘다면 뭐가 예쁘다는 건지 세세하게 말해야 한다. 올리비아 핫세라고 하면 구체적인 느낌이 오니까.

아이에게 칭찬을 하려면 위와 같이 구체적으로 하자. 아이에게도 친절한 사람이 되어야 한다고 가르쳐야 한다.

중학교 1학년 아들에게 사업하는 아빠가 이렇게 얘기한다.

"아들아, 남에게 피해 주지 마. 그것은 옳지 않아. 하지만 너에게 피해를 주는 친구는 용서하지 마. 네가 한 대 맞으면 너는 두 대 때려. 그 다음은 아빠가 책임질 테니까, 참지 마. 그렇지 않으면 친구가 너를 계속 우습게 보게 돼."

아빠의 말은 이런 뜻이다. 나에게 선한 사람은 나도 선하게 대하고 나에게 악하게 대하면 나도 똑같이 악하게 대하라는 뜻이다. 과연 이 말을 들은 아들은 어떤 생각을 가질까? 이런 말을 몇 차례 반복해서 들으면 아이의 인성은 어떻게 변할까?

'그래, 내가 무슨 일을 저질러도 아빠가 해결할 거야. 우리 아빠는 돈이 많으니까. 우리 아빠는 힘이 있으니까.' 그러면서 친구에게 폭력을 휘둘러도 아빠가 해결해 줄 거라 믿는다. 이것이 올바른 인성 교육일까?

참는 것은 결코 비겁하거나 힘이 없어서가 아니다. 똑같은 사람이 되지 않으려고 한 번 더 참는 거라고 가르쳐야 한다. 사람이 살면서 다른 사람에게 어떻게 피해를 안 주며 생활하겠는가? 자신도 알게 모르게 사소한 실수를 하게 마련이다. 그러면 그때 바로 사과하면 된다고 가르쳐야 한다.

톨스토이는 '톨스토이 계율'에서 이렇게 말한다. '악을 악으로 갚지 마라.'

못마땅한 친구에게도 먼저 인사하라고 가르쳐야 한다. 그 친구가 준비물을 잊고 안 가져 왔을 때도 빌려주어야 한다. 그러면 친구는 서서히 변한다. 친구의 변한 모습을 보며 당신의 아이는 더 큰 사람으로 성장한다.

"정말로 나쁜 친구가 아니라면 너를 좋아하게 만들어 봐. 억지로 말고 그저 자연스럽게 말이야. 그 친구가 곤경에 처했을 때, 네가 도움을 줄 수 있는 상황이면 도와줘. 외면하지 말고, 알았지?"

이런 교육을 받고 자란 아이가 성인이 되면 의인(義人)이 되고, 인간관계에서 가치 있는 삶을 산다.

정의, 평화, 인류애의 바탕은 친절이다

영화 '더킹(The King)'을 보고 나서 이렇게 얘기하는 엄마가 있다.

"부모 입장에서 아이에게 어떻게 살라고 얘기해야 하는지 판단이 안 서요. 정의롭게 살면서 자신을 희생해서라도 신념과 용기에 따라 약자를 도우라고 얘기해야 하는지, 이기적이라는 소리를 듣더라도 네가 챙길 것은 챙기면서 살라고 얘기해 주어야 하는지 고민이에요.”

아이에게 올바른 인성을 심어 줄 생각이 있는 엄마라면, 이게 고민이 되는가? 인성 교육은 가정에서, 학교에서, 사회에서 일관되어야 한다.

하버드대학교에는 출입문이 여러 개 있다. 그중에 덱스터 게이트가 있다. 입구에는 ‘들어가서 지혜를 키워라’, 출구에는 ‘나가서 나라와 인류를 섬겨라’라고 적혀 있다. 어떻게 해서든 아이를 하버드대학교에 보내고 싶어 하는 엄마는 아이에게 손해 보면서 살지 말라고 얘기할 것이다. 덱스터 게이트의 입구와 출구까지 보는 엄마는 “네가 어떠한 위치에 있든지 정의롭게 약자를 도우면서 살아라”고 얘기할 것이다. 부모의 인성 수준이 아이의 인성 수준을 결정한다는 사실을 명심해야 한다.

요즘은 어디를 가나 개인도, 기업도, 국가도 4차 산업혁명 얘기를 한다. 4차 산업혁명에서 교육을 언급할 때 ‘공부는 답이 아니다’라고 얘기하는 사람들이 많다. 그러면 무엇이 답이란 말인가? 핵심은 인성이고 여기에 창의를 더한 창의 인성이다. 인성이 담보되지 않으면 다른 능력이 아무리 뛰어나도 다가오는 미래에 낙오할 수밖에 없다고 한다. 그만큼 인성이 크나큰 경쟁력이 된 시대가 오고 있다.

이제, 인성을 강조한 엄마, 아빠의 목소리를 직접 들어 보자.

인성이 가장 중요하다고 생각하는 부모의 주장

인성의 중요성을 강력히 주장하는 엄마는 말한다.

"공부, 독서, 습관, 재능은 굳이 신의 은총이 아니더라도 내가 아이를 훈육하며 키워 줄 수 있는 항목입니다. 그에 반해 인성은 부모 자신에게 결여되어 있다면 아이에게 도저히 심어 줄 수 없는 요소입니다. 부모가 줄 수 있는 선물의 의미로 가장 적합하다고 판단됩니다."

서문에서도 밝혔듯이 아이에게 주고 싶은 다섯 가지 능력 중에서 인성 능력을 원하는 부모가 가장 많았다. 공부 능력을 원하는 부모는 한 사람도 없었다. 우리나라 교육 현실을 감안하면 다소 의아하다. 아무리 부모가 '공부, 공부' 해도 마음은 '사람됨'을 인생의 가치로 생각하고 있다고 밖에 해석할 수 없다. 본심은 분명히 '인성'인데, 현실을 따르지 않을 수 없는 학부모 입장에서 보이는 모습이랄까!

부부간에도 입장 차이가 있다. 대체로 엄마보다 아빠가 인성능력을 많이 선택했다. 작년에 아들을 서울대학교 의대에 보낸 아빠도 인성을 꼽았다. 늘 인성을 강조했고, 다행히 아들이 공부를 잘해서 문제점은 없었다. 과학고에 진학하지 못해서 감당하기 힘들 정도로 무기력한 시간이 있었지만, 그것도 잘 견뎌 줘서 아들에게 고맙다고 했다.

이러한 상태를 슬럼프라고 한다면, 슬럼프를 어떻게 대처하고 극복해야 하는가에 관한 방법도 인성에서 나오는 것이다. 슬럼프를 잘 대처하지 못해서 막다른 선택을 한 청소년도 있다. 나중에 이 아빠의 아들을 만났을 때 질문을 했다.

"다시 어린 시절로 돌아가면 무엇을 선택하고 싶어?"

"자기가 하고 싶은 일을 잘하는 능력이요."

"왜?"

"공부하는 것이 너무 힘들었고, 다시 돌아가서 공부하라고 하면 절대 못 할 거 같아서요."

연세대학교 경제학과 2학년 아들을 둔 부모를 만났다. 같은 질문을 했더니 주저 없이 동시에 인성을 꼽았다. 필자는 아빠를 옆에서 오래 지켜봐 왔다. 그는 타인에 대한 배려심도 깊고 정의감도 남다른 가장이자 회사원이다. 필자를 만나기 한 달 전에도, 아파트에서 담배 피는 청소년들을 잘 타일러서 돌려보냈다고 했다. 요즘은 그러기가 쉽지 않은 현실이다. 아빠는 이렇게 말한다. "인성이 안 된 사람이 막대한 힘을 가졌을 때 어떻게 되겠어요? 사람들에게 위협적이 되잖아요. 그러면 안 되죠."

아들은 어떤 능력을 선택할 것 같으냐고 물었더니 "아마도 아들은 자기가 하고 싶은 일을 잘하는 능력을 지니고 싶어 할 것이다."라고 대답했다.

인성을 중요하게 여기는 엄마가 아들과 나누었던 대화를 소개하겠다. 초등학교 5학년 아들이 같은 반 여자 친구 얘기를 자주 하기에 엄마가 아들에게 물었다.

"아들, 너는 왜 그 여자아이가 좋아?"

"엄마, 나는 그 아이 마음이 예뻐서 좋아. 친절하고 상냥해. 그래서 다들 그 친구를 좋아해."

엄마가 아들의 대답이 기특해서 "역시, 우리 아들이야. 너도 친절한 사람이 되어야 해."라고 했으면 좋았을 것이다. 하지만 엄마는 별다른 생각 없이 이렇게 다시 물었다.

"얼굴은 안 예뻐?"

그러자 아들이 의아해하면서 대답했다.

"에이, 엄마가 그랬잖아요. 남자가 여자를 볼 때 얼굴을 보면 안 되고 마음을 보라고요. 그래야 좋은 사람이라고요."

엄마는 순간 당황했고, "마음도 예쁘고, 얼굴도 예쁘면 좋지" 하며 넘겼다. 엄마가 평소에 무심코 했던 말이지만 아들은 기억하고 있었다. 사소히 내뱉은 말이라도 당신 아이는 가슴 깊이 새기는 경우가 있다는 사실을 알아야 한다.

"다섯 가지 능력을 다 갖추면 좋겠지만 저는 그래도 사람이 사람다워야 하니까 인성을 택했어요. 공부도 잘하고, 운동도 잘하고, 그림도 잘 그리면 뭐해요. 인성이 안 되면 소용없어요. 그래서 아이들을 인성 위주로 키웠고, 다시 키운다 하더라도 같은 선택을 할 겁니다. 인성은 인간의 바탕입니다. 바탕이 좋은 삶이 행복하다고 믿어요."

식당을 운영하면서 두 아이를 키워 낸 엄마의 선택도 다르지 않았다. 나의 질문이 끝나자마자 무조건 인성이라고 대답했다.

"지금도 일 마치고 집에 들어갔을 때, 얘들이 인사 안 하면 야단을 쳐요. 부모에게 효를 행하지 않는 사람이 밖에 나가서 제대로 하겠느냐는 거죠. 어릴 때부터 공부하라는 말보다는 다른 사람에게 피해 주는 일 없이 살라고 가르쳐 왔어요. 그 덕분인지 지금도 두 아이가 건강하게 사회생활하는 모습을 보면 후회는 전혀 없어요"라며 미소를 짓는다.

젊은 부모보다 중년 부모가 인성을 더 많이 선택했다. 인성을 택한 부모는 소신이 뚜렷했다. 아마도 사회생활을 오래한 경험에서 내린 결정이 아니었을까! 사회생활을 통해 결국 인성이 안 된 사람은 'NO'라고 생각했을 것이다. "학벌이 좋으면 뭐하누? 업무를 잘 하면 뭐하누? 아무리 재능이 뛰어나면 뭐하누? 인성이 안 됐는데."

이런 마음이었다.

결국 인성을 강조하는 부모의 공통된 의견은 하나로 연결된다. 인성이 안 되면 다른 능력이 아무리 출중해도 소용없다는 것이다. 아이 교육에 인성, 공부, 독서, 규칙적인 생활 습관, 재능 모두 필요하고 중요하다. 하지만 인성이 덜된 공부, 인성이 덜된 독서가 무슨 소용이 있느냐는 것이다. 나머지 능력도 마찬가지다. 사회적으로 문제가 된 사건을 보면 결국 인성이 중요하다는 것을 깨닫게 된다.

"대기업 회장이면 뭐합니까? 운전사를 종 부리듯 무시하고 막말이나 하고 말이죠. 그건 인성이 정말 안 된 겁니다. 그 운전사도 집에 가면 한 아내의 남편이고, 아이들의 아버지 아닙니까? 가정의 생계를 위해 성실하게 사는 사람이게 그러면 안 되죠. 나는 내 아들이 인성이 안 된 대기업 회장이 되는 것보다 직원이 10명 있더라도 그들에게 존중받는 작은 회사 사장이 되기를 원해요."

사람들은 이 사건을 보면서 인성을 얘기할 때 속담을 하나 떠올린다. '하나를 보면 열을 알 수 있다.'

어려운 환경을 극복하고 혼자 열심히 공부해서 교수가 되었다고 그 사람을 존경하지는 않는다. 사회에 아무런 이타적인 행위를 하지 않았기 때문이다. 그 사람에게 입으로는 무슨 예를 갖추지 못하겠는가?

하지만 제대로 학교 교육은 못 받았지만 전 재산을 사회에 기부한 할머니를 우리는 마음으로 존경한다.

우리가 재벌 기업의 CEO 앞에 서면 그 사람이 가지고 있는 부(富) 때문에 위축되긴 하지만, 그렇다고 그 사람을 존경하는 건 아니다. 마찬가지로 막강한 권력자 앞에 있으면 그 권력에 위축되는 것이지, 그 사람을 존경하는 것은 아니다.

먹는 기쁨, 배설의 기쁨, 우등상장, 승진은 모두 개인적 기쁨이다. 이에 반해 사회에 행한 선행은 그것을 본 사람들 숫자만큼 100배, 1000배의 기쁨을 줄 수 있다. 결국 존경이라 함은 학식, 부, 권력을 가진 사람에게가 아니라 인성이 큰 사람에게 저절로 고개가 숙여지는 것을 말한다.

또 다른 엄마가 맞장구친다.

"맞아요. 우리 아들이 인성이 덜 된 비리 국회의원이 되는 것보다 존중받는 구청 직원으로 사는 게 훨씬 좋은 것과 같죠. 사회적 지위가 높은 것보다 인간성이 더 중요하다고 봐요. 인성 나고 돈 나고 학벌 나는 거지, 돈 나고 학벌 나고 인성 나는 거 아니잖아요. 그래서 가정 환경이, 가정 교육이 중요한 거 아니겠어요?"

우리는 늘 행복을 추구하지만 행복을 추구하는 일보다 더 중요한 일이 있다.

"행복만 추구하기보다는 불행을 막는 게 중요하지 않을까요? 그래서 저는 아이들에게 이해하고, 참고, 양보하라는 말을 많이 해요. 그게 지는 게 아니라 이기는 거라고요."

초등학교 6학년 외아들을 둔 아빠의 말이다.

당신 아이에게 인성 교육을 시킬 때 이것을 무시해서는 안 된다. 행복만 바로 보고 가다 보면 다가오는 불행은 신경도 쓰지 않는다. 하지만 항상 불행을 경계하고 있어야 한다.

웨이터의 법칙처럼, 상대의 사소한 실수를 참지 못해 시비가 생겨 작은 불행을 당할 수도 있다. 길을 걷다가 또래 친구와 부딪혔을 때 먼저 미안하다고 하면 더는 일이 커지지 않는다. 당신 아이가 기본예절이 몸에 배어 있고 동시에 인성 교육이 잘되어 있으면 웬만한 불행은 막을 수 있다.

하지 말아야 할 말을 하고, 가지 말아야 할 곳을 가고, 가까이 해서는 안 될 친구와 가까이 하면 불행은 늘 대기하고 있는 셈이다. 잠이 안 오면 숫자를 세라고 얘기하듯이, 화가 났을 때 마음속으로 하나, 둘, 셋…… 하고 숫자를 세라고 얘기해 주어야 한다. 그래야 더 큰 불행을 막을 수 있다. 이것이 인성의 큰 힘이다. 그러기 위해서는 다른 사람의 실수에 관대하고 자신의 실수에 대해서는 엄격해야 한다고 가르쳐야 한다.

학원을 운영하며 초등학생 두 명을 키우고 있는 엄마는 말한다.

"저는 성격이 좋고 예의 바른 사람을 좋아해요. 살면서 무엇보다 인간관계를 중시하거든요. 하지만 주변에서 마주치는 어린 아이,

청소년, 젊은이 중에 아이 컨택(eye contact)도 안 되고 대화 자체가 어려운 사람이 의외로 많다는 것을 알았어요. 자기 말만 하고 들을 줄은 모르는 사람도 있고요. 일상생활에서 정상적인 인간관계를 못하는 사람을 종종 보다 보니, 아이 교육도 인성에 치중하게 되었죠. 인성에서 성격이 나오고, 사회성이 나오고, 긍정 마인드, 예절이 나온다고 생각합니다."

인성을 강조한 또 다른 아빠는 이렇게 말한다.

"생활하면서 누구에게나 칭찬받기란 어렵지 않은가요? 자기희생도 필요하고 인내, 배려심도 있어야 해요. 분명히 그런 것을 해내는 사람이라면 나머지도 충분히 이루어 내지 않을까 싶은데요."

이 아빠는 인성이 갖추어지면 나머지 네 가지 능력도 노력으로 이루어 낼 거라 자신했다.

먼 장래를 보고 인성을 강조하는 아빠도 있다. 사회생활을 하면서 느낀 결론이랄까. 아빠는 이렇게 말한다.

"나중에 커서 사회생활을 잘할 수 있어서요. 제가 직장 생활을 오래 해 보니 인성의 중요성을 알겠더라고요."

사회생활을 잘하는 것도 하나의 큰 능력이다. 우리는 그것을 사회성이 좋다고 한다. 동창 모임에서 가끔 이런 말을 하거나 듣기도 한다.

"우리 친구 중에 학교 다닐 때 가장 공부를 못했던 친구가 가장 성공했어. 그 친구가 아마 오락부장이었지."

이 경우처럼 인간관계가 좋은 친구들 즉 사교성이 출중한 친구가 성공한 사례를 주변에서 어렵지 않게 찾을 수 있다.

이분법적으로 나누어도 인성을 최고의 가치로 이야기하는 아빠가 있다.

"첫 번째, 인성이 좋으나 나머지는 보통 이하인 아이가 있습니다. 두 번째, 인성은 안 좋으나 공부 벌레, 책벌레, 자기 관리, 사회성이 뛰어난 아이가 있습니다. 나는 내 아이가 사회에서 승승장구한다고 해도 첫 번째가 좋습니다. 강남에 사는 부모는 이해할 수 있을까요? 사실 이렇게 얘기하는 저도 강남에 살고 있어요."

인성을 노력과 관련지어 얘기하는 아빠도 있다. 그만큼 인성이 중요하다는 얘기다.

"다른 건 노력하면 이룰 수 있고 바꿀 수 있지만 인성은 노력한다고 바뀌는 게 아닙니다."

이런 말이 있다. '인재가 되길 원한다면 먼저 사람이 되라.'

동서고금을 막론하고 선현들이 한 말이다. 당신 아이의 책상 앞에 붙여 놓으면 아이가 매일 그 글귀를 보면서 무슨 생각을 할까? 좋은 말을 계속 보면 야금야금 마음에 새기게 된다.

부모의 인성을 먹고 크는 아이들

부모로서 가장 기쁜 결실은 인성이 완성된 자식

인간은 두 개의 인성을 지니고 있다. 하나는 본질적인 인성이다. 즉 타고난 인성이다. 이것이 인성의 원천이다. 본질적인 인성에는 선한 인성과 악한 인성이 동시에 존재한다. 우리 인간의 내면에 천사와 악마가 공존한다는 말과 유사하다.

다른 하나는 교육 환경에 따라 달라지는 인성이다. 교육 환경에 따라 아이가 선한 인성을 가질 수도 있고 악한 인성을 가질 수도 있다. 가정 환경이 중요한 이유가 여기에 있다. 그렇다면 가정 환경에서 가장 중요한 요소는 무엇일까? 내 아이가 누리는 재산의 많고 적음인가? 부모의 학벌과 직업인가? 아니다. 부모가 어떤 사람이냐는 것이다.

아이가 지녀야 할 좋은 인성은 아이를 키우는 어른에게도 똑같이 필요하다. 부모가 어떤 인성의 소유자인지가 중요하다. 이 부분이 아이의 인성을 좌지우지한다. 아이는 자라면서 부모의 생각, 말, 행동을 느끼고 듣고 보면서 닮는다. 학교생활, 사회 활동도 인성에 영향을 미치지만, 무엇보다 가정 교육이 아이의 인성을 결정한다.

본질적 인성 중에 악의 인성을 차단하는 것이 교육 환경이다. 부모와 하는 교감, 정서적 유대, 사랑을 총칭하는 가정 교육이다. 처음부터 맹수인 동물이 없듯이 사람도 마찬가지다. 어떻게 길러지느냐의 문제다. 요즈음 전국적으로 발생한 학생들의 끔찍한 사건들은 대부분 사소한 이유에서 기인한다. 가정에서 인성 교육을 제대로 받은 학생은 기분이 안 좋다는 이유로, 건방지다는 이유로, 험담했다는 이유로 친구에게 절대 위해를 가하지 않는다. 부실한 가정 교육이 악의 인성을 키웠다고 봐야 한다.

인성과 가정과의 관계에 대해서 이런 질문이 나올 수 있다.

첫 번째 질문, 행복한 가정에서 자란 아이는 모두 행복할까?

두 번째 질문, 불행한 가정에서 자란 아이는 모두 불행할까?

인성이 가정 환경과 밀접하게 관련 있음은 부인하기 어렵다. 첫 번째 질문은 대체로 수긍한다. 하지만 평범한 가정에서 자란 사람이 사회적으로 끔찍한 일을 저지르는 경우도 있다. 이것은 악의 인성을 차단할 만큼의 행복이 부족했다고 볼 수 있다. 두 번째 질문에 오면 뭔가 할 말이 있다. 불행한 가정에서 성장한 아이가 그 불행을 딛고 세계적인 인물이 되는 경우는 어떻게 설명할 것인가?

어떤 사람은 불우한 환경에서도 선의 인성이 나타난다. 불우한 환경에 놓이더라도 그 환경을 극복하는 사람이 있고, 악의 인성이 더 발현되는 사람이 있다. 불우한 환경을 극복한 사람은 악의 인성과 선의 인성 간의 치열한 싸움에서 선의 인성이 승리한 것이다. 그에게 불우한 환경은 어쩌면 그가 세계적으로 성공할 수 있는 자산이었는지도 모른다.

아이들이 잘 아는 인물로 예를 들어 보겠다. 아버지의 폭력과 갈등 속에서 자신의 그림 그리는 재능을 끝까지 지켜 내어 세계적인 만화 영화 제작자가 된 월트 디즈니의 경우가 그리하다. 비슷한 시기에 주정뱅이 아버지, 정신 이상인 어머니, 그러한 부모의 이혼 등으로 불우한 환경이었지만 세계적인 희극 배우가 된 찰리 채플린도 마찬가지다.

우리가 평소 잘 듣는 말 중에 자식은 부모의 얼굴이라는 말이 있다. 인성에 딱 들어맞는다. 부모가 정신적으로 건강하고 행복하면 아이는 크게 엇나가지 않을 거라 확신한다. 인성이 바른 아이도 실수할 수 있다. 하지만 그 실수를 통해서 배운다. 습관적으로 상스러운 욕을 하지도 않고, 폭력을 행사하는 일도 없다.

인생이 모두 비슷하듯, 아이가 커 가면서 행복한 시간도 있지만 아이에게 삶의 위기와 좌절의 순간이 반드시 온다. 작든 크든 누구에게나 분명히 온다. 삶에서 위기의 순간을 지혜롭게 버틸 인성을 어릴 적부터 심어 주어야 한다.

격랑이 칠 때를 생각해 보자. 파도가 두려워 배가 도망가려 하면 더 위험에 빠진다. 그렇다고 배가 무턱대고 돌진하면 파도가 삼켜 버린다. 살아남으려면 잠시 시동을 끄고 파도에 몸을 맡겨야 한다. 인간도 배와 같다.

인생을 살면서 격랑이 몰아칠 때 두 종류의 사람이 있다. 시련의 현실을 받아들이면서 내면을 강하게 단련시키려는 사람이 있다. 예를 들면, 운동을 통해서 자신감을 회복하거나, 예술에 집중해서 영감을 얻거나, 자연과의 교감을 통해 정서적 안정을 유지하려고 하는 사람이다. 반면에 비관하거나 좌절해서 극단의 선택을 하는 사람이 있다. 이 갈림길을 좌우하는 것은 지식이 아니다. 인성이다. 인성이 바른 사람은 결코 나쁜 선택을 하지 않는다. 자신을 해하거나 타인을 속여 이득을 취하려 하지 않는다.

유명 소설가 아빠는 어린 아들을 데리고 주기적으로 사찰에 들려 참선을 했다. 이 아빠는 이렇게 생각했다. '아들이 인생을 살다가 삶이 힘겨워질 때가 있을 거야. 그때를 생각해서 힘든 삶을 이기는 방법을 가르쳐 주어야겠어.'

어느 평범한 엄마는 아이들을 데리고 매주 성당에 간다. 아이들에게 감정을 내려놓는 법을 가르치려는 것이다. 여기서 말하는 감정이란 미움, 시기, 욕심 등이다. 이런 부모의 노력은 아이의 인성에 큰 도움이 된다.

어린 시절에 자연과 한 교감 또한 인성에 큰 영향을 미친다. 정서적 안정감을 회복시키는 효과가 있다. 학교에서 농장으로 현장 체험 학습을 가서 고구마를 캘 때, 아빠 엄마와 주말 농장 가서 채소를 심으면서 만진 흙의 느낌은 성인이 되어서도 그대로 남아 있다. 신기한 일이 아닐 수 없다. 자연과의 교감이 많을수록 아이는 순수함에 더 다가간다. 오염되지 않은 자연처럼 인성에 때가 묻지 않았다는 표현이 어울린다.

인성도 훈련이다. 독서, 운동, 음악, 종교, 자연 교감, 산책, 등산을 통해 안 좋은 감정을 잊게 하자. 독서가 스트레스를 줄여 주는 강력한 매개체임이 과학적으로 증명되었다. 규칙적인 운동도 좋은 방법이다. 이것을 반복 강조 해야 한다. 부모가 함께 실천해야 한다. 언제나 맑은 정서를 탄력적으로 회복할 수 있도록 어린 시절부터 훈련시켜야 성인이 되었을 때 지혜로운 선택을 하게 된다. 부모가 해 주어야 할 바람직한 인성 교육이이다.

부모의 인성이 낙제인데 위와 같은 훈련을 제대로 시킬 수 있을까? 3살, 4살 때부터 아이를 학원으로 무조건 밀어 넣는 부모는 자식의 미래를 위험하게 만든다. 이러한 부모 밑에서 품성 좋은 자식이 성장하기란 힘들다. 대문을 나서면 인성을 시험하는 수많은 유혹이 있지만 부모에게 바르게 배운 아이는 흔들리는 정도가 월등히 낮다. 그 상황에서도 아이는 유혹을 이기는 힘을 배운다.

인성을 얘기할 때 이 말을 명심해야 한다. 부모가 가슴에 새겨야 한다.

"네가 원하는 것은 네가 노력해서 가져라. 공부도, 독서도, 규칙적인 생활 습관도, 네가 하고 싶은 일도. 단 인성만은 부모가 물려줄게."

인성은 부모로서 줄 수 있는 가장 의미 있고 가치 있는 선물이다. 부모가 공부를 못했어도 자식은 얼마든지 잘할 수 있다. 부모가 책을 안 읽어도 아이는 책을 좋아할 수 있다. 부모의 직업이 공장 노동자라도 자식은 변호사나 의사가 될 수 있다. 하지만 부모의 인성이 낙제라면 자식의 인성도 낙제를 벗어나기 힘들다. 부모의 인성이 50점인데 아이가 90점, 100점짜리 인성을 지니기는 어렵다. 자식을 괴물로 키운다면 그 대가는 고스란히 부모에게 돌아온다. 나아가 학교와 사회에 해악을 끼친다.

당신의 말과 행동이 자녀에게 보약이 되고 맹독이 된다

분명한 사실은 본질적인 인성도 환경으로 인해 바뀔 수 있다는 것이다. 아이가 자라듯이 인성도 길러진다. 인성은 언어와 교양처럼 습득되어진다. 자식은 부모에게 인성을 배운다. 학교에서 좋은 수업이 우수한 학생을 만드는 것처럼 가정에서 부모의 수업을 통해 아이들은 크게 성장하거나 정체한다. 가정에서 부모의 수업은 주로 두 가지로 표현된다. 말과 행동이다. 이 두 가지에 의해 당신 아이는 상처받기나 엇나가기도 한다.

부모가 교육학 서적을 많이 보거나 전문가의 강의를 많이 들었다고 아이에게 인성 교육을 잘 지도하는 것은 아니다. 교육열이 높은 엄마가 아이를 옭아매는 경우가 의외로 많다. 교육 서적도 부지런히 읽고, 전문가의 강의도 듣고, 온라인 커뮤니티에서 다른 엄마와 정보를 교환하는 엄마도 많다. 다양한 통로를 통해 관심사를 공유하는 것은 도움이 된다.

하지만 더 중요한 것은 기본에 있다. 우리 조상의 아이 교육이 기본에 충실했듯이, 현재도 별반 다를 바 없다. 가정의 화목, 부모의 일관된 말과 행동, 아이의 장점에 집중하는 노력 등이다. 기본이 약한데 정보만 수집한다고 아이가 바뀌지 않는다. 엄마의 지식욕구일 따름이다. 항상 기본에 충실해야 한다.

다음 두 사례를 교훈 삼아 보자.

첫 번째 사례는 엄마가 무심코 한 말 때문에 벌어진 사건이다. 엄마와 아들의 이야기다.

사업을 하는 아빠와 평범한 가정주부인 엄마는 아들을 하나 키우고 있다. 어느 날 엄마가 중학교 1학년 아들 방에서 일어나는 일을 목격했다. 뭐하나 보려고 조용히 방문을 열었는데, 아들이 책상 앞 의자에 앉아 마스터베이션에 열중하고 있었다. 엄마는 순간 자신도 놀라 방문을 살짝 끌어당기고 돌아 나왔다. 그날 밤 남편에게 오늘 있었던 일을 얘기했다. 남편은 그 나이 때는 다 그런 거라며 대수롭지 않게 넘어갔다.

그렇게 며칠이 흘렀다.

엄마는 같은 아파트에 사는 이웃집 엄마와 점심 식사를 하는 자리에서 농담 삼아 아들의 마스터베이션 얘기를 했다. 아주 무심코 한 말이다. 이 말이 얼마나 걷잡을 수 없는 상황을 만들어 갈지 전혀 모른 채 말이다. 굳이 엄마의 편을 들자면 엄마는 별 생각 없이 한 말이었다. 하지만 엄마의 얘기를 들은 이웃집 엄마가 또 다른 엄마에게 얘기를 전하고, 이렇게 해서 얘기는 삽시간에 퍼져 나갔다.

이 얘기는 아들 친구들의 귀까지 들어갔고, 친구들은 마스터베이션의 주인공에게 놀리듯이 그 얘기를 했다. 그 얘기를 듣게 된 아들은 충격에 휩싸였다. 너무 창피했고 부끄러웠다. 더 중요한건 엄마에 대한 불신이었다. 엄마가 무심코 한 말 때문에 아들은 말할 수 없는 상처를 받았다.

아들은 가출을 했고, 부모는 아들을 찾기 시작했다. 하루 만에 아들을 찾았다. 아들은 이웃 동네의 성당 신부님이 보호하고 있었다. 아들은 집을 나왔지만 막상 갈 데가 없어서 방황하다가 성당을 찾아 들어간 것이다. 엄마와 아들의 관계는 엄마의 부단한 노력으로 상당한 시일이 지나서야 회복되었다. 아무 생각 없이 내뱉은 말 한마디가 당신 아이에게 얼마나 큰 상처를 줄 수 있는지 느껴지는 사례다.

이번 사례는 아빠의 행동에 관한 것이다. 두 딸을 둔 아빠가 있다. 각각 초등학생 3학년과 1학년이다. 부부와 두 딸이 식탁 앞에서 저녁 식사를 하는 중이다. 아빠와 엄마는 식사 전부터 사소한 언쟁이 있었는데, 식탁 앞에서도 가볍게 말다툼을 했다. 엄마가 아이들이 있다고 그만하자고 했지만 아빠는 멈추지 않았다.

아빠가 순간적인 화를 참지 못하고 들고 있던 숟가락을 식탁에 '쾅' 소리와 함께 놓아 버렸다. 소리가 어찌나 컸던지 두 딸이 놀라는 기색을 했다. 큰 딸의 표정이 굳어졌다. 사실 아빠가 숟가락을 내려놓으려 할 때 앞에 있던 큰딸과 눈이 마주쳤다. 순간적으로 '멈춰야지' 생각했지만 이미 숟가락은 생각의 속도보다 앞질러 식탁을 치고 말았다. 아빠는 '아차' 싶었다. 후회가 들었지만 돌이킬 수 없었다. 큰딸이 수저를 놓고 자기 방으로 들어갔다. 아빠는 큰딸 방으로 쫓아갔다.

"큰딸, 아빠가 잘못했어. 아빠가 정신이 나갔나 봐. 요즘 회사 일이 너무 힘들어서 그랬던 거 같아. 다시는 안 그럴게."

아빠는 큰딸에게 용서를 구했지만 큰딸은 단단히 화가 나 있었다.

"아빠 용서해 줄 거지?"

그러자 큰딸이 말했다.

"아빠에게 실망했어. 아빠, 용서 안 할 거야."

아빠는 일단 방을 나왔다. 며칠 뒤에 다시 큰딸의 마음을 풀어 주기로 했다. 사흘 뒤에 아빠는 큰딸에게 조용히 말했다.

"큰딸, 아빠 용서해 줄 거지?"

"아니, 아직 용서가 안 됐어."

큰딸은 그러고 나서도 한 달이 지나서야 아빠를 용서했다.

아이를 훈육할 때, 알면서도 매번 고치기 힘든 게 있다. 지적은 짧게 하고, 칭찬은 길게 해야 한다. 간혹 이것을 반대로 하는 부모가 있다. 지적은 길게 하고 칭찬은 인색하다. 결국 훈육이 아니라 잔소리가 된다. 아이들 칭찬에 인색했던 아빠는 필자와의 대화에서 이렇게 얘기한다.

"저는 누군가를 칭찬하는 것보다 칭찬받는 거에 익숙하게 살아왔어요. 학교에 다닐 때는 공부를 잘해 늘 선생님의 칭찬 속에서 살았어요. 회사에서도 업무 능력을 인정받아 승진이 빨랐고요. '내가 참 괜찮은 사람인가?'라는 착각 속에 빠져 직원들에게 칭찬에 인색했어요. 집에 있는 아이들에게는 말할 것도 없고요. 선생님과의 대화가 저를 잠시 돌이켜 보는 시간을 만들었네요. 이제 아이들에게 칭찬을 많이 해야겠어요."

더 중요한 문제가 있다. 지적을 할 때 그 일 하나만 가지고 질책을 해야 하는데, 이것저것 다 가져다 아이를 몰아붙이는 경우도 있다. 학원 가는 시간 약속을 어겼을 경우를 생각해 보자. 현재 잘못한 것만 간단히 지적하고 끝내면 되는데, 며칠 전에 시간 약속 어긴 것, 아침에 일찍 일어나지 않는 것도 질책해 버린다. 어른도 그런 경우라면 짜증나는데 아이는 오죽하겠는가. 이런 잔소리가 반복된다면 아이의 인성에 나쁜 영향을 미칠 것은 불을 보듯 뻔하다. 다시 한 번 강조한다. '지적은 짧게, 칭찬은 길게.'

공부는 100점이 최고지만 인성은 무한대

좋은 인성이 몸에 배도록 하라

온라인 커뮤니티 게시판에 올라온 갑론을박 내용이다. 당신이 아래 사건을 바로 앞에서 목격했다면 어떻게 했을까?

승무원이 제지할 틈도 없이, 대여섯 살로 보이는 아이가 비행기 안에서 뛰다가 중년 여성 옆에 넘어졌다. 이 여성은 일본인이다. 얼굴에서 피가 나는 아이에게 이 여성은 시끄럽다며 화를 낸다. 대체로 우리나라 엄마라면 이런 상황에서 아이를 다독거려 울음을 그치게 하는 게 먼저라고 생각한다. 하지만 일본인 여성은 아이의 잘못을 그 자리에서 꾸짖었다.

이 사건에 관해서 다양한 의견이 펼쳐진다.

"우는 아이를 혼내는 건 잘못이죠. 아이는 아이일 따름인데."

"공공장소에서 잘못을 했는데도 다독거리기만 한다면 아이 마음 속에 올바르지 않은 생각이 자랄 수 있어요. 다른 사람에게 피해를 주어도 된다는 생각 말이죠. 울지 말라고 야단치는 건 아이에 대한 사랑과는 별개라고 생각해요."

"혼내는 일은 나중이에요. 우선 달래 주고, 무엇보다 울 때 혼내는 건 의미가 없어요."

"울음을 그친 뒤에 다독이고, 울 때는 따끔하게 혼내야 돼요."

"엄마가 다독일수록 더 크게 우는 아이도 있어요."

논쟁의 쟁점은 아이를 나중에 혼내느냐, 울 때 혼내느냐다. 필자의 생각은 이렇다. 철없는 어린아이의 단순한 실수다. 어른도 실수 아닌 실수를 한다. 대여섯 살 아이가 대단히 큰 잘못을 한 것도 아니다. 아이가 달려가다 넘어져서 피를 흘리며 울고 있다. 그럼 당연히 그 상황을 수습하는 게 먼저다. 평상시 공공장소에서 예절 교육을 받았어도 그 순간 너무 기분이 들떠 엄마 손을 놓고 뛰어갈 수 있다. 책임을 묻는다면 당연히 부모에게 있다. 비행기 안에서 어떻게 행동하라고 교육을 시켰어야 하는 책임 말이다.

고속 열차에서도 이와 비슷한 일이 공공연히 발생한다. 위 사건보다 더 심하다. 시끄럽게 떠드는 아이를 제지하지 못하는 엄마도 있다. 어찌된 일인지 아이가 엄마 말을 듣지 않는다. 부모가 아이의 인성 교육을 얼마나 소홀히 했는지 알 수 있다.

또는 옆 사람은 생각하지 않고 시종일관 아이와 대화하는 부모도 있다. 조용히 해 달라고 하면 도리어 엄마가 기분 나빠한다. 웬 참견이냐는 어투로 "알았어요"라고 한다. 아이가 무엇을 보고 자랄지, 어떻게 인성이 길러질지 충분히 짐작이 간다. 이런 현상은 100% 부모 책임이다.

필자가 한국계 미국인과 식사를 하게 되었다. 이 분이 한국에 와서 보고 놀란 일을 얘기해 주었다. 요즘 청소년이나 젊은 사람이 길거리에서, 지하철에서, 공공장소에서 부둥켜안고 입 맞추는 장면을 보고 너무 놀랐다고 했다. 우리나라 아이들이 왜 그렇게 되었는지 모르겠다며 미국에서도 볼 수 없는 현상이라고 한다. 둘이 좋으면 둘만 있는 장소에서 애정을 표현하면 되는데, 사람이 많은 장소에서 그런 행동을 한다는 것은 가정 교육에 문제가 있다는 것이다.

내 아이가 타인과 관계를 형성해 나갈 시점부터 주의를 주어야 한다. 유치원, 식당, 버스, 지하철 등 사람이 모이는 곳에서 남에게 피해를 주면 잘못된 행동이라고 주기적으로 강조해야 한다. 이렇게 강조했는데도 불구하고 약속을 안 지킬 때는 따끔하게 혼내야 한다. 부모라는 책임 때문이다. 다른 사람이 반복적으로 지적하기 전에 반드시 고쳐야 한다. 시기를 놓치면 회복이 힘들어지고 피해는 더 커진다.

사람이 많은 장소에서 떼쓰는 아이는 어떻게 해야 할까?

초등학생 딸아이를 둔 엄마의 일화다. 대개 남자아이가 파랑 계열의 옷을 좋아한다면 여자아이는 분홍 계열의 옷을 선호한다. 한번은 집 근처의 대형 매장으로 엄마는 아이와 함께 옷을 보러 나갔다. 아이는 분홍색 옷을 보더니 그 옷을 사 달라고 엄마를 보챘다. 얼마 전에 비슷한 분홍색 계열의 원피스를 사 주었는데 또 사 달라고 하니 엄마는 안 된다고 했다. 아이는 엄마의 말에 아랑곳하지 않고 떼를 쓰기 시작했다. 딸이 그토록 입고 싶다는데, 엄마는 사 주고 싶었지만 나쁜 습관이 될까 봐 단호하게 거절했다. 그런 엄마의 마음도 속상하고 편치 않았다. 그래도 아이가 멈추지 않자 엄마는 마지막으로 경고하며 혼자 집으로 돌아갔다. 나중에 따라온 딸은 엄마에게 미안하다며 다시는 안 그러겠다고 했다.

이번에는 두 가지 실제 사건을 비교해 보자.

〈사건 1〉

중학교 2학년 남학생이 아래층 베란다에서 연기가 올라오는 것을 심상치 않게 여겼다. 불길이라고 확신하고 각 층에 있는 화재경보기를 눌러 화재 사실을 알렸다. 주민에게 대피하라며 외쳤다. 화재가 일어난 장소에 주민이 아직 있다는 사실을 알고 도움을 청했다. 남학생과 남학생의 아버지는 소화전에서 소방 호수를 꺼내어

불길이 번지는 것을 막았다. 그로 인해 위험에 처할 뻔한 가족을 무사히 구출할 수 있었다. 도움을 받은 이웃 주민이 국민 신문고에 사연을 알려 학생이 선행 표창을 받게 되었다.

〈사건 2〉

여중생과 여고생 6명이 여중생 한 명을 이리저리 끌고 다니며 집단으로 7시간 넘게 폭행했다. 단지 과거에 자신들을 험담했다는 이유에서였다. 이들은 폭행 장면을 동영상으로 찍어 공유하고 단체 채팅 방에서 다른 지역 여중생 폭행 사건 피해자와 맞은 모습을 비교하며 조롱하기도 했다.

〈사건 1〉과 〈사건 2〉는 비슷한 또래의 학생들이지만 하는 행동은 정반대다. 철로에 뛰어들려고 하는 사람을 구하거나, 물에 빠진 사람을 보고 바로 뛰어들어 구한 사람들의 얘기가 종종 들려온다. 〈사건 1〉의 선행상을 받은 중학생도 마찬가지다.

이런 사람들에게는 공통점이 있다. 왜 그랬느냐고 물어보면 "그저 본능적으로 몸이 움직였다"는 말을 한다. 이건 평상시에 어려운 일을 당한 사람은 도와주어야 한다는 의식이 강하게 뇌에 입력되어 있어서다. 몸에 밴 교육의 효과다.

이제 당신 아이가 만나는 '친구' 얘기를 해 보자. 당신은 아이들에게 이렇게 얘기한다.

“좋은 친구 만나. 나쁜 친구 사귀지 말고.”

여기서 좋은 친구란 대체로 모범생을 말한다. 왜 이런 얘기를 하는 걸까. 그 이유는 친구의 모습을 보고 아이가 그 모습을 닮아 가기 때문이다. 학업 성취도가 높은 학생은 대체로 인성도 좋다고 생각하는 엄마들이 많다. 아주 틀린 말은 아니다.

인성 교육을 중하게 여기는 아빠가 중학교 1학년 아들과 외출을 했다. 얘기하면서 걷는 중에 한 남학생이 자신의 아들 이름을 불렀다. 아들과 친하게 지내던 친구였다. 아빠에게 몇 번이나 친구자랑도 했었다. 아들은 친구를 아는 체 마는 체 하고 갈 길을 갔다. 아빠가 물었다.

“좀 전 그 친구, 초등학교 때부터 너하고 친하지 않았니?”

아들과 몇 년 동안 같은 반이었던 친구였다.

“응, 맞아. 그런데 걔가 중학교 올라가더니 변했어. 안 좋은 친구들이랑 몰려다니고, 욕도 하고, 공부하기도 싫어해.”

당신이라면 이런 상황에 대해서 어떻게 얘기해 줄 것인가? 당신이 해 주어야 할 얘기는 명확하다.

“애야, 모르는 친구라도 위급한 상황에 처하면 네가 도와줄 수 있으면 도와줘. 하지만 아주 가까운 친구라도 나쁜 일을 하자고 하면 거절해야 돼. 충고해서 안 들으면 더는 그 친구를 가까이 하지마.”

아이에게 삶의 태도에 대해서 분명히 알려 주어야 한다. 친한 사람, 친하지 않는 사람에 집중하는 것이 아니다. 그 행위가 올바른가, 아닌가를 판단해야 한다. 처음에는 사람을 믿고 의지하지만 시간이 흐르면서 사람에 집착해서는 안 된다. 집착하게 되면 그 사람이 하는 말과 행동을 의심 없이 받아들이게 된다. 특히 나이 어린 어린이와 청소년은 더욱 그렇다. 친구들과 몰려다니며 자신도 모르게 비행 청소년이 되는 경우가 좋은 예이다. 당신은 아이들에게 선과 악, 행위의 옳고 그름을 먼저 판단하도록 교육해야 한다.

사춘기 전에 인성 교육을 마쳐라. 그 다음부터는 복습이다

인성이 우리 사회가 요구하는 인재상의 핵심이라고 얘기한다. 아직까지 현실은 다르지 않느냐고 반론을 펴는 사람도 다수 존재한다. 이런 주장에는 두 가지 이유가 있다.

첫째, 그 현실이 다름 아닌 학벌이라는 장벽이기 때문이다. 내가 조사한 바에서도 알 수 있듯이 부모 개개인은 공부가 인성보다 중요하지 않다고 주장한다. 아이에게 인성 능력을 선물하고 싶다는 부모가 가장 많지 않은가? 하지만 우리 사회의 교육 시스템은 부모의 진심이 파고들 자리를 차단해 버린다. 교육 환경이라는 장애물이 너무 단단하다.

둘째, 인성에 대한 인식이 부족한 사람이 아직 존재한다. 일종의 선입견이다. 인성이 바른 사람이라고 하면 착해서 속임을 잘 당하는 사람으로 생각하는 경향이 있다. 자기 것도 챙기지 못하고 무조건 희생하고 양보하는 무능력한 사람이라고 간주한다. 부모가 인성에 대한 이해, 확신이 덜 되어 있으면 아이에게 제대로 된 인성 교육을 할 수 없다. 앞에서 줄곧 인성의 개념이 많이 변했고, 학교와 사회생활의 큰 경쟁력으로 부상했음을 강조했다.

탈무드에서 배우는 인성의 교훈은 의미심장하다.

'인간은 어릴 때 이미 인격을 완성한다. 이런 이유로 부모는 아이에게 온갖 정성을 쏟아 교육해야 한다.'

인격은 인간성이고 인성이다. 사람의 일생에서 어린 시절의 성장 과정이 중요함을 강조한 말이다. 어른이 되어서 인격이 완성된다고 생각하면 착각이다. 어렸을 때 어떤 교육을 받았는지가 그 아이의 미래를 결정한다. 당신은 탈무드의 두 문장이 담고 있는 의미를 깊이 있게 생각해 봐야 한다. 인성 교육에는 두 번의 타이밍이 있다.

대체로 3~4살 때 인성의 기반이 갖추어진다. 이 시기가 교육 효과도 커서 아이 인성 교육에 매우 중요하다. 질서, 배려, 존중, 협동하는 인성 교육을 강조하고 교육시켜야 한다. 세 살 버릇이 여든까지 간다는 말이 그냥 나온 것이 아니다. 이 시기에 형성된 태도와 습관이 평생 간다고 해도 과언이 아니다.

현실은 어떠한가? 공부를 시키는 나이가 점점 내려가서 이 나이 때부터 벌써 학원으로 내몰린다. 궁극적으로 공부로 밀어 넣는 조기 교육이 인성을 망치게 된다.

이 시기에 적절한 인성 교육을 놓쳤다면 아이가 학교에 입학하고 사춘기가 오기 전에 하면 된다. 만일 이 시기마저 놓쳐 버리면 그 뒤로는 인성 교육은 사실상 의미를 잃는다고 봐야 한다. 시기를 놓치면 인성을 바꾸기가 그만큼 힘들다. 인성이 어린 시절에 이미 완성된다는 주장은 의학계에서는 일반적으로 받아들여진다.

미국의 정신과 전문의 휴 미실다인 박사는 수많은 환자를 연구하면서 이 같은 주장을 경험적으로 증명했다. 여기에 '내재과거아' 개념을 도입했다. '내재과거아'란 정서적인 문제를 불러일으키는 고질적인 어린 시절을 말한다. 내재과거아가 어른으로서 그들의 삶을 지배하고 통제한다.

인간은 어린 시절에 부모의 태도에 절대적 영향을 받으며 자란다. 문제가 되는 부모의 태도와 그에 대한 '내재과거아'의 반응은 주로 다음 8가지에 의해 나타난다. 8가지란 완벽 주의, 강압, 유약, 방임, 심기증, 방치, 거부, 성적 자극이다. 다른 용어는 이해가 되지만 심기증이 생소할 것이다. 심기증이란 건강에 대한 공포를 말한다. 이러한 문제점을 해소하고 '내재과거아'와 원만하게 지내야 정상적인 어른으로 살아갈 수 있다.

당신은 일주일에 몇 번 아이들과 식사를 하는가? 대화는 얼마나 하는가? 부모와 식탁에서 마주 앉아 식사를 자주 하는 아이는 우울

증에 걸릴 확률이 줄어든다. 정서적으로도 안정된다. 커 가면서 음주나 흡연이 줄어든다는 조사 결과도 있다. 우리나라는 청소년 흡연률 세계 1위, 하루 평균 공부 시간 10.8시간이 보여 주듯이 심각한 상황이다. 가정에서 인성 교육을 다시 시작해야 한다. 유대인들은 일반적으로 매주 금요일 저녁에 가족과 식탁에 둘러앉아 식사를 함께한다. 우리 선조들의 밥상머리 교육과 비슷하다.

인성을 점수로 매긴다면 당신 아이의 인성 점수는 몇 점을 주겠는가? 인성의 어떤 항목이 부족한지 자주 고민해 보고 거기에 주안점을 두어 교육을 해야 한다.

시험 성적은 가장 낮은 점수가 0점이고, 가장 높은 점수가 100점이다. 인성은 공부처럼 점수를 정할 수 없다. 최고의 악행과 최고의 선행을 어떻게 점수로 환산한단 말인가. 인성은 무한대까지 갈 수 있다. 공부를 못했다고, 책을 안 읽었다고, 규칙적은 습관을 안 지킨다고, 재능이 없다고 사회에 해악을 끼치지는 않는다. 하지만 인성이 악한 악인은 사회에 큰 해를 끼친다. 반대로 인성이 선한 성인(聖人)이 많으면 많을수록 그 사회는 행복하고 발전적이다. 이것이 당신 아이의 인성을 그 무엇보다 중요하게 생각해야 하는 이유다.

인성은 인격이다. 위대한 문인들은 인격을 이렇게 표현한다. 쇼펜하우어는 《쇼펜하우어의 행복론과 인생론》에서 우리의 행복에서 인격이 두말할 필요 없이 가장 중요하다고 강조한다. 왜냐하면 인격은 어떤 상황에서도 한결같이 효력을 발휘하기 때문이다. 운명에 종속되지도 않고 우리에게서 빼앗아갈 수도 없다. 그럼으로 인격의 가치는 절대적이다.

괴테는 '인간의 최고 행복은 인격에 있다'고 했다. 그렇다면 어떤 사람이 인격을 갖춘 사람인가? 이에 괴테는 지혜, 덕망, 용기를 갖춘 사람이라고 했다. 지 · 덕 · 체로 해석할 수 있다. 이렇게 인성이 견고해진 사람이 기회를 얻게 되면 인재로 부상한다. 여기서 기회란 조직의 위기가 찾아왔을 때, 새로운 리더가 필요할 때, 급변하는 변화의 시점을 말한다.

행복한 아이는 분노의 표정을 짓지 않는다

불편한 상황을 넘어 갈등 상황에서 한 사람의 인성은 적나라하게 드러난다. 앞에서 살펴보았던 웨이터의 법칙과 같은 사소한 실수에서 부닥치는 불편한 상황은 웬만한 인성의 소유자라면 잘 대처할 수 있다. 하지만 갈등 상황에서 감정이 이성을 통제해 버리면 그때는 걷잡을 수 없게 된다.

평소에는 온순하다가 특정 상황에서 당신의 아이가 돌변한다.

예를 들면 친구와의 갈등 상황을 가정해 보자. 일단 욕이 나온다. 조사에서 초 · 중 · 고 학생들이 생활 속에서 욕을 한다고 응답

한 비율이 무려 73%나 된다. 도가 지나치면 분노가 표출되어 폭력을 행사한다. 이것이 잦으면 분노 조절 장애라고 부른다. 성인만 해당되는 것이 아니다. 최근 전국적으로 벌어졌던 인천초등학생 유괴 살인 사건, 부산 여중생 폭행 사건, 강릉, 아산 폭행 사건의 경우, 악의 인성이 발현된 대표적인 경우다. 이 사건들의 근본은 아이의 내면에 잠재되어 있는 악의 인성을 막지 못한 가정 교육의 실패에 있다.

당신 아이에게 친절, 배려, 협동의 중요성을 교육시켰다면 '갈등을 이기는 법'을 가르쳐야 한다. 인간관계에서 갈등 상황이 왔을 때 어떻게 해야 하나? 갈등을 이기기 위해서는 우선 자신과의 싸움에서 이겨야 한다. 어린 시절부터 생활 속에서 기다림, 자제력, 참을성을 길러 주어야 한다.

엄마들도 알고 있는 유명한 마시멜로 실험이 있다. 마시멜로 실험을 통해 참을성이라는 인성을 심어 주는 방법을 제시하고 있다. 세 번에 걸친 실험을 통해 얻을 수 있는 교훈을 정리해 보자. 생활 속에서 적절히 응용하면 아이 인성 교육에 도움이 된다.

첫째, 참고 기다리면 적절한 보상이 있다는 것을 아이에게 깨닫게 한다. 예를 들면 실험에서는 마시멜로 사탕이 들어 있는 통을 놓고 가면서 30분을 기다리면 두 통을 주겠다고 한다. 보상이 주어지면 참을성이 증가한다. 속담처럼 참는 자에게 복이 온다고 할까. 참을성은 특히 화가 나는 상황에 처했을 때 감정 통제에 꼭 필요하다. 참을 인(忍)자 셋이면 살인도 피한다는 속담이 증명한다.

둘째, 안 보이게 해 놓으면 참을성이 증가한다. 예를 들면 마시멜로 사탕이 들어 있는 통에 뚜껑을 닫아 놓거나 다른 생각과 상상을 하게 하는 경우다. 유혹거리를 눈에서 멀어지게 해야 한다. 예를 들면, 필요한 상황에서 휴대폰을 압수하는 방법이다. 다른 생각을 하는 경우는 이렇게 적용해 볼 수 있다. 숙제를 안 하고 놀고 싶을 때, 놀기만 하면 불행해지는 상상을 하는 것이다.

셋째, 아이에게 한 약속은 반드시 지켜야 한다. 예를 들면 아이에게 장난감을 사 준다거나, 놀이공원에 가자고 해 놓고 약속을 어기는 경우가 반복된다면 이런 부모의 아이들에게 마시멜로 실험을 하면 참을성이 더욱 떨어진다. 이 실험을 통해 부모의 약속이 얼마나 중요한지 알았다. 아이에게 한 약속은 반드시 지켜야 한다. 부모에 대한 신뢰가 무너질 때 아이들의 인성도 모래성이 된다.

공부는 늘 100점인데, 인성이 부족하다면 어떻게 될까? 이 아이가 사회에 나가서 고위직에 올라가면 어떤 일이 벌어질까? 조직을 위태롭게 만들 수 있다. 이런 사람이 한두 명이 아니라면 나라를 망하게 만들 수도 있다. 또한 다른 네 가지는 모두 잘하는데 인성이 불합격이라면 어떨까? 히틀러 같은 인류를 위협하는 인물이 다시 나오지 않는다고 누가 장담하겠는가? 인성이 덜 된 사람이 막강한 힘을 가졌을 때 얼마나 무서운 결과가 나오는지 역사가 증명한다. 재능 없는 인성은 평범하고, 인성 없는 재능은 처참하다. 99% 완벽한 재능을 가진 사람이 단 1%라도 생각지도 못한 악의 인성이 있다면 돌연변이가 되어 인류를 위협할 수 있다. 생각만 해도 끔찍하다.

다섯 가지 능력 중에서 인성과 재능은 양날의 칼과 같다. 조금 더 쉬운 예가 있다. 99%가 특별한 재능이 있으면서 인성이 모자란 사람이 살고 있는 마을이 있다. 반면에 99%가 특별한 재능이 없으면서 인성이 바른 사람이 살고 있는 마을이 있다. 어느 마을에 살고 있는 사람이 행복할까? 당연히 두 번째다. 첫 번째 마을은 마을이 빠르게 발전할 수 있을지 몰라도 매일 불안에 떨며 살아야 할 것이다. 세계에서 국민행복지수가 1위인 나라가 부탄이라는 사실이 이를 증명한다고 할까. 부탄은 국민 97%가 행복한 나라다. 우리나라는 56위다. 이러한 사실로 미루어볼 때 물질적 풍요와 행복은 비례하지 않는다.

인성 능력을 마무리하며 정리해 보자. 네 가지 능력에 인성이 빠지면 안 된다. 공부를 잘해도 인성을 갖추어야 한다. 자기 잘났다고 남을 무시하지 않아야 한다. 재능이 출중해도 인성이 함께 동반되어야 한다. 앞에서도 말했듯이 재능은 더더욱 인성을 갖추어야 한다. 자기 관리를 잘해도 인성을 갖추어야 한다, 이기적인 사람이 되지 않도록 해야 한다. 독서도 마찬가지다. 책을 통해 얻은 얄팍한 지식을 악용하지 말아야 한다. 이렇게 인성은 항상 네 가지 능력과 함께 가야 한다. 그래서 인성이 가장 중요한 능력이다.

사회적으로 성공했다고 해서 인성이 훌륭한 사람은 아니다. 공부는 100점이 만점이지만 인성은 1000점, 10000점도 될 수 있는 무한대다. 공부 잘해서 의사, 변호사, 교수가 되거나 재능이 있어 연예인이 되면 축하를 받지만, 여기에 인성이 뒷받침되면 무한한 존경을 받는다.

'꽃향기는 천리를 가고, 사람이 베푼 덕은 만년 동안 향기롭다.'

에필로그

아이에게 다섯 가지 능력을 골고루 갖추게 하자

루소가 쓴 《에밀》에 이런 문구가 있다. '방금 태어나서 죽은 아이나, 100살까지 살다가 죽은 사람이나 똑같다.' 무의미한 삶을 경계한 말이다.

당신 아이가 인성이 바른 삶을 살아야 하는 이유, 하고 싶은 일을 찾아야 하는 이유, 규칙적인 생활을 해야 하는 이유, 독서를 해야 하는 이유, 공부를 해야 하는 이유를 알고 살 수 있도록 가르침을 줘야 한다. 부모로서 할 수만 있다면 아이가 다섯 가지 능력을 소홀히 하지 않으며 살아갈 수 있도록 도와주어야 한다. 그 능력으로 사회에 봉사하고 인류를 섬길 수 있는 포부도 심어 주어야 한다. 역시나 부모이기 때문이다.

당신 아이가 다섯 가지 중에서 두 가지 이상의 능력을 제대로 훔쳐서 몸에 배게 하면 성공적인 인생을 살게 된다. 학교나 사회에서 강력한 경쟁력을 갖게 된다는 말이다. 두 가지 이상을 조합했을 때 빠지면 안 되는 능력은 뭘까? 그것은 누가 뭐래도 '인성'일 것이다. 엄마들 대부분도 그렇게 생각했다.

이해를 돕기 위해, 이 다섯 가지가 아이의 삶에 얼마나 중요한지 인체의 장기에 비유해 보자.

심장이 하는 일처럼 인성을 갖게 하라

인성은 우리 몸의 심장에 해당한다. 심장의 기능은 혈액 순환이다. 심장은 온몸 구석구석 혈액을 안 보내는 데가 없다. 심장은 생명과 관계되고 국가로 보면 왕을 상징한다.

인성은 눈빛에서, 말에서, 표정에서, 손짓에서, 행동에서 나온다. 온몸에서 인성이 나온다. 인체의 곳곳에 피를 보내고 받는 심장처럼 인성은 머리끝에서 발끝까지 깨끗하고 맑게 퍼져 있어야 한다. 놀랍고도 무서운 사실은 어떤 인성을 가졌느냐에 따라 사람이 사람을 살리기도 하고, 죽이기도 한다는 것이다. 이러한 이유로 인성은 아무리 강조해도 지나치지 않다.

폐에게 기쁨을 주려면, 하고 싶은 일을 하게 도와줘라

재능은 폐에 해당한다. 폐는 호흡을 담당한다. 우리는 가끔 "숨통이 막힌다."라고 말한다. 어른이나 학생이나 하고 싶지 않은 일을 할 때 숨이 턱턱 막힌다. 스트레스 상황에서는 숨이 고르지 못하다. 자기가 하고 싶은 일을 할 때는 어떤가? 밤새워도 지치지 않고, 숨 쉬는 기쁨을 알고, 살 것 같다. 자신의 재능을 마음껏 펼칠 때 우리는 비로소 살아 있음을 강렬히 느낀다. 당신 아이가 하고 싶은 일을 스스로 찾아갈 수 있도록 적극적으로 도와줘라. 인생은 한 번이니까.

신장이 하는 일처럼 독서를 하게 지도하라

독서는 신장에 해당한다. 신장의 기능은 노폐물을 거르고, 수분과 영양분을 재흡수한다. 단 · 장기적으로 독서는 부정적인 생각을 정리해 주고 긍정적인 삶을 유도한다. 정신을 윤택하게 한다. 새로운 지식을 접함으로써 아이디어를 얻게 한다. 그 아이디어가 뜻하지 않게 행운을 가져다주기도 한다. 책은 지혜를 담고 있는 샘물이다. 마시면 마실수록 진리를 볼 수 있게 해 준다. 부모가 반드시 염두에 두어야 할 사실은, 독서는 뒤늦게 두각을 나타나게 해 주는 묘한 특성이 있다.

간을 보호하려면 규칙적인 생활 습관을 갖게 하라

규칙적인 생활 습관은 간에 해당한다. 간은 생명 활동에 필요한 물질과 에너지를 만든다. 또한 해독 및 살균 작용을 한다. 간은 국가로 치면 장군인 셈이다. 불규칙적인 식습관, 수면, 운동 등은 간을 점점 지치게 한다. 이것을 고치지 않으면 건강을 해친다. 규칙적인 생활 습관은 두뇌와 몸을 건강하게 만들어 공부와 생활에 도움이 된다. 가장 기본이 되는 규칙을 잘 지키자. 이것은 성실성이다. 어린 시절부터 이 습관을 몸에 배어 들게 하면 사회에 나가서 작은 부자가 될 수 있다. 여기에 지혜와 기회가 따르면 큰 부자가 되는 것이다.

위장이 하는 일처럼 공부를 하게 하라

공부는 위장에 해당한다. 위장은 음식물을 소화시키는 기관이다. 음식물을 한 번에 너무 많이 먹으면 탈이 난다. 너무 적게 먹으면 에너지가 모자라게 된다. 매일 골고루 적당하게 먹어야 한다.

공부도 마찬가지다. 장거리 경주다. 30분이라도 거르지 않고 매일 꾸준히 하는 노력이 필요하다. 학습량이 적을 때 경쟁에서 뒤쳐지게 되고, 몰아치기나 벼락치기는 일시적인 포만감을 줄 수 있으나 탈이 난다.

우리는 오장(다섯 개의 장기)과 아이 교육에 있어서 꼭 필요한 다섯 가지 능력을 비교해 보았다.

세상의 모든 아이가 인성이 반듯할 수는 없다. 모든 아이가 공부를 잘할 수도 없다. 누구나 독서를 좋아할 수 없고, 규칙을 잘 지킬 수 없고, 좋아하는 일을 잘할 수도 없다. 아이마다 타고난 환경이 다르고, 지능이 다르고, 성향이 다르고, 하고 싶은 일이 다르기 때문이다.

태어날 때부터 인성이 나쁜 아이는 없다.

태어날 때부터 재능이 결격인 아이는 없다.

태어날 때부터 규칙을 싫어하거나, 독서를 싫어하거나, 공부를 싫어하는 아이는 없다.

문제가 생겼다면 양육 과정에서 도전의 필요성을 적극적으로 교육하지 못한 부모의 책임이다.

이 책을 읽고 소신 있는 교육으로, 아이가 '무한대의 인성을 가지고, 규칙적으로 도서관에 도장 찍고, 우수한 시험 성적에 예술을 하는 창조자'가 되게 했으면 좋겠다.

참고 문헌

메디치효과, 프란스 요한슨, 2015, 세종서적

독서 교육 어떻게 할까?, 김은하, 2014, 학교도서관저널

내 아이를 키우는 상상력의 힘, 미셸 루트번스타인, 2016, 문예출판사

어떻게 바꿀 것인가, 케리 패터슨외, 2012, 21세기북스

습관의 재발견, 스티븐 기즈, 2014, 비즈니스북스

천재들의 생각법, 테레자 보이어라인 · 샤이 투발리, 2016, 새로운 현재

승자의 뇌, 이안 로버트슨 지음, 2013, 알에이치코리아

재능을 단련시키는 52가지 방법, 대니얼 코일, 2016, 신밧드프레스

데이터가 뒤집은 공부의 진실, 나카무로 마키코, 2016, 로그인

의지력의 재발견, 로이 F 바우마이스터/존 티어니, 2012, 에코리브르

* 참고 문헌에 미처 적지 못한 책은 추후라도 지적해 주시면 추가하겠습니다.